导弹作战运筹实例

舒健生　李亚雄　郝　辉　编著

西北工業大學出版社

【内容简介】 本书是在长期教学实践的基础上，吸收了广大读者的意见，精心选择了动态规划解决导弹火力分配、层次分析法解决发射阵地选择、指派理论解决导弹作战任务分配问题、决策论解决导弹补充打击决策问题、对策论解决导弹攻防对抗问题、非线性规划解决导弹作战目标选择问题等 11 个导弹作战运筹应用实例。

本书着重介绍基本的运筹学原理和方法在导弹作战运筹中的应用，具有一定的深度和广度，读者可从其中了解和掌握运筹学在导弹作战中的运用。

本书主要供作战运筹相关专业的本科生、研究生使用，对从事作战运用研究工作的人员也有一定的参考价值。

图书在版编目（CIP）数据

导弹作战运筹实例/舒健生，李亚雄，郝辉编著. —西安：西北工业大学出版社，2013.8
ISBN 978-7-5612-3812-7

Ⅰ. ①导…　Ⅱ. ①舒…②李…③郝…　Ⅲ. ①导弹—应用—作战—运筹学　Ⅳ. ①E927②E8345

中国版本图书馆 CIP 数据核字（2013）第 208196 号

出版发行：西北工业大学出版社
通信地址：西安市友谊西路 127 号　　**邮编**：710072
电　　话：(029)88493844　88491757
网　　址：http://www.nwpup.com
印 刷 者：陕西向阳印务有限公司
开　　本：787 mm×1 092 mm　1/16
印　　张：8.25
字　　数：195 千字
版　　次：2013 年 8 月第 1 版　　2013 年 8 月第 1 次印刷
定　　价：18.00 元

前　言

运筹学课程在第二炮兵工程大学相关专业中已经有近三十年的开设历史，教学中使用的运筹学通用教材以经济管理为主要背景，着重介绍运筹学的基本原理和方法，与我校学员毕业后从事的工作岗位实际结合不够紧密。编写本书旨在提高课程教学的针对性，充分考虑学员毕业后的工作性质和特点，在教学中增加与导弹作战运筹实践联系紧密的教学实例，以作为同类教材的补充。编写组在长期教学积累的基础上，精选了导弹作战运筹特色鲜明的11个实例，基本涵盖了运筹学的基本理论模块。每个实例先阐述所运用的基本运筹学原理，然后按照作战运筹实际问题的运筹学模型建立、解决方法和解的讨论三部分展开。基础原理部分主要取材于多部相关教材和文献资料，应用实例部分主要来源于编写组长期的研究成果。

本书主要供作战运筹相关专业的本科生、研究生使用，对从事作战运用研究工作的人员也有一定的参考价值。

全书共11章，其中第一至三章和第五章由舒健生编写，第四章和第七至九章由李亚雄编写，第六、十和十一章由郝辉编写，舒健生副教授负责全书的统稿。在编写过程中得到了刘新学教授、谭守林副教授的指导和帮助，提出了很多宝贵的修改意见。研究生武健、肖海、孟少飞等同志承担了全书的校对工作。对他们的辛勤劳动和宝贵意见致以衷心的感谢。

学校训练部机关和各级领导同志对本书的出版给予了大力支持，还有许多同志做了默默无闻的工作，对此笔者一并表示诚挚的感谢。

由于水平有限，书中存在不足之处，衷心欢迎读者批评指正。

编著者

2013年5月于第二炮兵工程大学

目　　录

第一章 线性规划对偶原理及应用

第一节 线性规划对偶基本原理

每一个线性规划问题都有和它相伴随的另一个问题，一个称为原问题，与之相对应的另一个则称为对偶问题。原问题与对偶问题有着非常密切的关系，以至于可以根据一个问题的最优解，得出另一个问题最优解的全部信息。然而，对偶性质远不仅是一种奇妙的对应关系，它在理论和实践上都有着广泛的应用，若能对每个对偶规划作出合乎实际的、有意义的解释，便能提供多方面的决策信息。

一、原问题与对偶问题的关系

每一个线性规划模型都有一个和它相对应的另一个线性规划模型。如果这个模型称为原始问题，则与它对应的另一个模型就称为对偶问题，这两个问题的关系非常密切。对于对称形式的对偶，原问题和对偶问题的展开形式为

原问题(F)

$$(F):\left\{\begin{array}{l}\max z=c_1x_1+c_2x_2+\cdots+c_nx_n \\ \begin{bmatrix} a_{11} & a_{12} & \cdots & a_{1n} \\ \vdots & \vdots & & \vdots \\ a_{m1} & a_{m2} & \cdots & a_{mn}\end{bmatrix}\begin{bmatrix} x_1 \\ x_2 \\ \vdots \\ x_n\end{bmatrix}\leqslant\begin{bmatrix} b_1 \\ \vdots \\ b_m\end{bmatrix} \\ x_1,x_2,\cdots,x_n\geqslant 0\end{array}\right. \tag{1-1}$$

对偶问题(G)

$$(G):\left\{\begin{array}{l}\min z'=y_1b_1+y_2b_2+\cdots+y_mb_m \\ (y_1,y_2,\cdots,y_m)\begin{bmatrix} a_{11} & a_{12} & \cdots & a_{1n} \\ \vdots & \vdots & & \vdots \\ a_{m1} & a_{m2} & \cdots & a_{mn}\end{bmatrix}\geqslant(c_1,c_2,\cdots,c_n) \\ y_1,y_2,\cdots,y_m\geqslant 0\end{array}\right. \tag{1-2}$$

它们之间有如下关系：

(1) 原问题的目标函数是求最大值，对偶问题的目标函数是求最小值；

(2) 原问题的约束条件个数对应对偶问题的变量个数；

(3) 原问题约束条件右边的常数对应对偶问题目标函数系数；

(4) 原问题约束条件是"≤"，而对偶问题的约束条件是"≥"；

(5) 两个问题的变量都是非负的。

二、对偶问题的基本性质

(1) 对称性。对偶问题的对偶是原问题。

(2) 弱对偶性。若 $\bar{X}$ 是原问题的可行解，$\bar{Y}$ 是对偶问题的可行解，则存在 $c\bar{X} \leqslant \bar{Y}b$。

(3) 无界性。若原问题(对偶问题) 为无界解，则其对偶问题(原问题) 无可行解。

(4) 可行解是最优解时的性质。设 $\hat{X}$ 是原问题的可行解，$\hat{Y}$ 是对偶问题的可行解，当 $c\hat{X} = \hat{Y}b$ 时，$\hat{X}$，$\hat{Y}$ 是最优解。

(5) 对偶定理。若原问题有最优解，那么对偶问题也有最优解，且目标函数值相等。

(6) 互补松弛性。若 $\hat{X}$，$\hat{Y}$ 分别是原问题和对偶问题的可行解，那么 $\hat{Y}X_s = 0$ 和 $Y_s\hat{X} = 0$，当且仅当 $\hat{X}$，$\hat{Y}$ 为最优解。

第二节　作战资源规划两类问题的对偶性研究

一、作战资源分配问题的数学模型

现有 m 种类型的导弹，第 $i(i=1,\cdots,m)$ 种类型导弹的数量为 b_i，需要从 n 类目标中选出若干目标进行攻击，攻击第 $j(j=1,\cdots,n)$ 类单个目标获得的作战效能值为 c_j。攻击各类目标需要的作战资源数量如表1-1所示。问：在满足导弹数量限制的条件下，如何合理选择各类型目标的打击数量，使获得的总体作战效能值最大？

表 1-1　攻击各类目标需要的作战资源数量

目标 \ 弹型	目标的类型				导弹总数 / 枚
	第一类	第二类	…	第 n 类	
第一种导弹	a_{11}	a_{12}	…	a_{1n}	b_1
第二种导弹	a_{21}	a_{22}	…	a_{2n}	b_2
⋮	⋮	⋮		⋮	⋮
第 m 种导弹	a_{m1}	a_{m2}	…	a_{mn}	b_m

假设第 j 类目标选择 x_j 个，则问题的数学模型如下所示：

$$\max z = c_1x_1 + c_2x_2 + \cdots + c_nx_n \tag{1-3}$$

$$\text{s.t.}\left\{\begin{aligned} a_{11}x_1 + a_{12}x_2 + \cdots + a_{1n}x_n &\leqslant b_1 \\ a_{21}x_1 + a_{22}x_2 + \cdots + a_{2n}x_n &\leqslant b_2 \\ &\vdots \\ a_{m1}x_1 + a_{m2}x_2 + \cdots + a_{mn}x_n &\leqslant b_m \\ x_i \geqslant 0, i = 1,\cdots,n & \end{aligned}\right. \tag{1-4}$$

二、作战资源需求论证问题的数学模型

在战备时期，需要依据导弹武器的现有数量和可能的打击任务，对单位数量的各类型导弹作战效能贡献值进行评估，作战效能贡献值大的导弹类型应是下一步优先发展的导弹武器类型。例如，现有 m 种类型的导弹，第 $i(i=1,\cdots,m)$ 种类型导弹的数量为 b_i，已知攻击单个目标需要的各型导弹的数量如表 1-1 所示。要求攻击第 $j(j=1,\cdots,n)$ 类目标获得的作战效能值不小于 c_j。

问：在满足目标打击要求的前提下，如何合理地确定各类型导弹的作战效能值，为下一步导弹发展提供依据？

假设单位数量的第 i 类导弹武器作战效能值为 y_i，则问题的数学模型如下所示：

$$\min z'=b_1y_1+b_2y_2+\cdots+b_my_m \tag{1-5}$$

$$\text{s.t.}\left.\begin{aligned}a_{11}y_1+a_{21}y_2+\cdots+a_{m1}y_m\geqslant c_1\\a_{12}y_1+a_{22}y_2+\cdots+a_{m2}y_m\geqslant c_2\\\vdots\qquad\qquad\\a_{1n}y_1+a_{2n}y_2+\cdots+a_{mn}y_m\geqslant c_m\\y_i\geqslant 0,i=1,\cdots,m\end{aligned}\right\} \tag{1-6}$$

三、作战资源分配和需求问题的对偶性分析

上述作战资源分配问题和需求论证问题，是对同一事物从不同角度的观察，而且其表述是对立的。运用对偶的基本原理可知，其互为一对对偶问题，对应关系如表 1-2 所示。

表 1-2　作战资源规划两类问题的对偶性分析

项目＼问题	原问题	对偶问题
目标函数	有限的导弹武器资源获得最大的作战效能	运用最少的导弹武器成本达成既定的作战目的
约束条件	各类型导弹数量限制	对各类型目标的作战效能不小于某一水平
求解变量	打击各类目标的数量，即获得武器对目标的最优分配方案	单枚导弹的作战效能，即获得各类型武器对作战的贡献评估量化值

在原问题中武器的最优分配结果，必定是进行武器发展的依据，简单地说，没有剩余的武器类型应处于优先发展的地位，剩余较多武器的类型可暂缓发展。在对偶问题中，武器作战效能值的获得是以武器对目标的最优分配为前提的。

运用对偶原理，对偶问题变量 y_i 的最优解实际上是第 i 种类型导弹的“影子价格”。其意义：在其他条件不变的情况下，若增加一个单位数量的第 i 种类型导弹，对作战效能增加的贡献值为 y_i。

四、实例分析

使用 $M_1\sim M_4$ 这 4 个类型的导弹武器参加作战，拟打击的目标类型有 A,B,C,D,E,F 等 6 种类型。各类型武器的总数、打击各类目标需要的各型武器数量，以及获得的作战效能如表

1-3所示。问：各类型目标的打击数量应选择多少，才能使得总体的作战效能值最大？

表1-3　攻击单个目标需要的各型号导弹数量

目标 / 弹型	目标类型及打击此类目标获得的作战效能						导弹数量/枚
	A/9	B/8	C/5	D/8	E/4	F/5	
M_1	3	3	2	0	0	0	50
M_2	3	0	0	2	2	0	40
M_3	2	4	0	3	0	2	55
M_4	0	0	3	0	3	1	40

假设第 i 类目标选择 $x_i(i=1,\cdots,6)$ 个，问题的数学模型如下所示：

$$\max z=9x_1+8x_2+5x_3+8x_4+4x_5+5x_6$$

$$\text{s.t.}\quad\left.\begin{array}{l}3x_1+3x_2+2x_3+0x_4+0x_5+0x_6\leqslant 50\\3x_1+0x_2+0x_3+2x_4+2x_5+0x_6\leqslant 40\\2x_1+4x_2+0x_3+3x_4+0x_5+2x_6\leqslant 55\\0x_1+0x_2+3x_3+0x_4+3x_5+1x_6\leqslant 40\\x_i\geqslant 0,i=1,\cdots,6\end{array}\right\}$$

采用线性规划单纯形法[1] 对上述模型进行计算，得到最优解为 $x_1=10,x_2=0,x_3=10,x_4=5,x_5=0,x_6-10$，即选择Λ类目标10个、C类目标10个、D类目标5个、F类目标10个，B类目标和E类目标不进行打击。

假设单位数量的第 i 类导弹武器作战效能值为 $y_i(i=1,\cdots,4)$，运用线性规划对偶理论，其对偶问题的数学模型如下所示：

$$\min z'=50y_1+40y_2+55y_3+40y_4$$

$$\text{s.t.:}\quad\left.\begin{array}{l}3y_1+3y_2+2y_3+0y_4\geqslant 9\\3y_1+0y_2+4y_3+0y_4\geqslant 8\\2y_1+0y_2+0y_3+3y_4\geqslant 5\\0y_1+2y_2+3y_3+0y_4\geqslant 8\\0y_1+2y_2+0y_3+3y_4\geqslant 4\\0y_1+0y_2+2y_3+1y_4\geqslant 5\\y_i\geqslant 0,i=1,\cdots,4\end{array}\right\}$$

采用线性规划单纯形法对上述模型进行计算，得到最优解为

$$y_1=0.54,\quad y_2=1.23,\quad y_3=1.85,\quad y_4=1.31$$

运用对偶理论，对上述问题及其计算结果进行分析，可获得如下结论：

(1)“以有限的作战资源获得最大的作战效能”和“在满足一定的作战效能要求下以最小的代价使用武器”两个问题是互为对偶的一对问题，是同一问题的两个方面。

(2) 原问题的解完全可以通过求解其对偶问题得到。原问题的变量个数等于对偶问题的约束条件个数，原问题的约束条件个数等于对偶问题的变量个数。一般来说，线性规划问题的求解，当变量个数少于约束条件个数时求解较为方便，因此可以根据需要选择合适的模型进行

求解。

(3) 根据互补松弛性定理，由对偶问题的变量 $y_1, y_2, y_3, y_4 > 0$，可知原问题的约束条件取严格等式。这表明在满足作战效能最大化的前提下，武器分配完毕，没有剩余。

(4) 根据对偶问题的计算结果，M_1 型导弹的作战效能值最低，M_3 型导弹的作战效能值最高，增加任何一种类型的武器数量均能提高作战效能，增加 1 枚 M_1 型导弹，在作战资源最优配置条件下能够提高作战效能值 0.54，而增加 1 枚 M_3 型导弹，能够提高 1.85。因此，在制定武器发展规划时应该优先发展 M_3 型导弹。

第二章　运输问题基本原理及应用

第一节　运输问题基本原理

一、运输问题的数学模型

在经济建设中，经常碰到大宗物资调运问题。例如煤、钢铁、木材、粮食等物资，在全国有若干生产基地，根据已有的交通网，应如何制定调运方案，将这些物资运输到各消费地点，而总运费要最小，这个问题可用以下数学语言描述。

已知有 m 个生产地点 A_i，$i=1,2,\cdots,m$ 可供应某种物资，其供应量（产量）分别为 a_i，$i=1,2,\cdots,m$，有 n 个销地 B_j，$j=1,2,\cdots,n$，其需要量分别为 b_j，$j=1,2,\cdots,n$。从 A_i 到 B_j 运输单位物资的运价（单价）为 c_{ij}，这些数据可汇总于产销平衡表和单位运价表中，见表 2－1 和表2－2。

表　2－1

销地 / 产地	$1,2,\cdots,n$	产量
1		a_1
2		a_2
⋮		⋮
m		a_m
销量	$b_1,b_2,\cdots,b_n$	

表　2－2

销地 / 产地	$1,2,\cdots,n$
1	$c_{11},c_{12},\cdots,c_{1n}$
2	$c_{21},c_{22},\cdots,c_{2n}$
⋮	⋮
m	$c_{m1},c_{m2},\cdots,c_{mn}$

有时可把这两个表合一。

若用 x_{ij} 表示从 A_i 到 B_j 的运量，那么在产销平衡的条件下，要求得到总运费最小的调运方案，可求解以下数学模型：

$$\min z=\sum_{i=1}^{m}\sum_{j=1}^{n}c_{ij}x_{ij} \tag{2-1}$$

$$\sum_{i=1}^{m}x_{ij}=b_j,\quad j=1,2,\cdots,n \tag{2-2}$$

$$\sum_{j=1}^{n}x_{ij}=a_i,\quad i=1,2,\cdots,m \tag{2-3}$$

$$x_{ij}\geqslant 0$$

这就是运输问题的数学模型，它包含 $m\times n$ 个变量，$m+n$ 个约束方程，其系数矩阵的结构比较松散，且特殊。

$$\begin{array}{c} \\ u_1 \\ u_2 \\ \vdots \\ u_m \\ v_1 \\ v_2 \\ \vdots \\ v_n \end{array}\begin{array}{c} x_{11}\ x_{12}\cdots x_{1n} \quad x_{21}\ x_{22}\cdots x_{2n} \quad x_{m1}\ x_{m2}\cdots x_{mn} \\ \left[\begin{array}{cccccccccccc} 1 & 1 & \cdots & 1 & & & & & & & & \\ & & & & 1 & 1 & \cdots & 1 & & & & \\ & & & & & & & & \ddots & & & \\ & & & & & & & & 1 & 1 & \cdots & 1 \\ 1 & & & & 1 & & & & 1 & & & \\ & 1 & & & & 1 & & & & 1 & & \\ & & \ddots & & & & \ddots & & & & \ddots & \\ & & & 1 & & & & 1 & & & & 1 \end{array}\right] \end{array}\begin{array}{l} \\ \left.\begin{array}{c} \\ \\ \\ \\ \end{array}\right\} m\text{行} \\ \left.\begin{array}{c} \\ \\ \\ \\ \end{array}\right\} n\text{行} \end{array}$$

该系数矩阵中对应于变量 x_{ij} 的系数向量 P_{ij}，其分量中除第 i 个和第 $m+j$ 个为1以外，其余的都为零。即

$$P_{ij}=[0\cdots1\cdots1\cdots0]^{\mathrm{T}}=e_i+e_{m+j} \tag{2-4}$$

对产销平衡的运输问题，由于有以下关系式存在：

$$\sum_{j=1}^{n}b_j=\sum_{i=1}^{m}\Big(\sum_{j=1}^{n}x_{ij}\Big)=\sum_{j=1}^{n}\Big(\sum_{i=1}^{m}x_{ij}\Big)=\sum_{i=1}^{m}a_i \tag{2-5}$$

所以，模型最多只有 $m+n-1$ 个独立约束方程，即系数矩阵的秩 $\leqslant m+n-1$。由于有以上特征，因此求解运输问题时，可用比较简便的计算方法，习惯上称为表上作业法。

二、表上作业法

表上作业法是单纯形法在求解运输问题时的一种简化方法，其实质是单纯形法，但具体计算和术语有所不同，可归纳如下：

(1) 找出初始基可行解，即在 $(m\times n)$ 产销平衡表上给出 $m+n-1$ 个数字格；

(2) 求各非基变量的检验数，即在表上计算空格的检验数，判别是否达到最优解，如已达到最优解，则停止计算，否则转到下一步；

(3) 确定换入变量和换出变量，找出新的基可行解，在表上用闭回路法调整；

(4) 重复(2)(3) 直到得到最优解为止。

以上运算都可以在表上完成，下面通过例子说明表上作业法的计算步骤。

例 2-1　某公司经销甲产品。它下设3个加工厂。每日的产量分别是，A_1 为7件，A_2 为4件，A_3 为9件。该公司把这些产品分别运往4个销售点。各销售点每日销量：B_1 为3件，B_2 为6件，B_3 为5件，B_4 为6件。已知从各工厂到各销售点的单位产品的运价如表2-3所示。问该公司应如何调运产品，在满足各销点的需要量的前提下，使总运费最少？

解　先画出这个问题的产销平衡表和单位运价表，见表2-3及表2-4。

表　2-3

加工厂 \ 销地	B_1	B_2	B_3	B_4
A_1	3	11	3	10
A_2	1	9	2	8
A_3	7	4	10	5

表 2-4

产地 \ 销地	B_1	B_2	B_3	B_4	产量
A_1					7
A_2					4
A_3					9
销量	3	6	5	6	

这与一般线性规划问题不同。产销平衡的运输问题总是存在可行解。因有

$$\sum_{i=1}^{m} a_i = \sum_{j=1}^{n} b_j = d$$

必存在

$$x_{ij} \geqslant 0, \quad i=1,\cdots,m, \quad j=1,\cdots,n$$

这就是可行解。又因

$$0 \leqslant x_{ij} \leqslant \min(a_i, b_j)$$

故运输问题必存在最优解。

确定初始基可行解的方法很多，一般希望的方法是既简便，又尽可能接近最优解。下面介绍两种方法：最小元素法和伏格尔法。

1. 最小元素法

这种方法的基本思想是就近供应，即从单位运价表中最小的运价开始确定供销关系，然后次小，一直到给出初始基可行解为止。以例 2-1 为例进行讨论。

第一步：从表 2-3 中找出最小运价为 1，这表示先将 A_2 的产品供应给 B_1。因 $a_2 > b_1$，A_2 除满足 B_1 的全部需要外，还可多余 1 件产品。在表 2-4 中的（A_2，B_1）的交叉格处填上 3，得表 2-5，并将表 2-3 的 B_1 列运价划去，得表 2-6。

第二步：在表 2—6 未划去的元素中再找出最小运价 2，确定 A_2 多余的 1 件供应 B_3，并给出表 2-7 和表 2-8。

表 2-5

加工厂 \ 销地	B_1	B_2	B_3	B_4	产量 / 件
A_1					7
A_2	3				4
A_3					9
销量 / 件	3	6	5	6	

表　2-6

加工厂＼销地	B_1	B_2	B_3	B_4
A_1	3	11	3	10
A_2	1	9	2	8
A_3	7	4	10	5

表　2-7

加工厂＼销地	B_1	B_2	B_3	B_4	产量 / 件
A_1					7
A_2	3		1		4
A_3					9
销量 / 件	3	6	5	6	

表　2-8

加工厂＼销地	B_1	B_2	B_3	B_4
A_1	3	11	3	10
A_2	1	9	2	8
A_3	7	4	10	5

第三步：在表 2-8 未划去的元素中再找出最小运价 3；这样一步步地进行下去，直到单位运价表上的所有元素划去为止，最后在产销平衡表上得到一个调运方案，见表2-9。这个方案的总运费为 86 元。

表　2-9

加工厂＼销地	B_1	B_2	B_3	B_4	产量 / 件
A_1			4	3	7
A_2	3		1		4
A_3		6		3	9
销量 / 件	3	6	5	6	

用最小元素法给出的初始解是运输问题的基可行解，其理由如下：

(1) 用最小元素法给出的初始解，是从单位运价表中逐次地挑选最小元素，并比较产量和销量，当产大于销时，划去该元素所在列；当产小于销时，划去该元素所在行。然后在未划去的元素中再找最小元素，再确定供应关系。这样在产销平衡表上每填入一个数字，在运价表上就划去一行或一列。表中共有 m 行 n 列，总共可划 $m+n$ 条直线。但当表中只剩一个元素时，这时当在产销平衡表上填这个数字时，而在运价表上同时划去一行和一列。此时把单价表上所有元素都划去了，相应地在产销平衡表上填了 $m+n-1$ 个数字，即给出了 $m+n-1$ 个基变量的值。

(2) 这 $m+n-1$ 个基变量对应的系数列向量是线性独立的。

2. 伏格尔法

最小元素法的缺点是，为了节省一处的费用，有时造成在其他处要多花几倍的运费。伏格尔法考虑到，一产地的产品假如不能按最小运费就近供应，就考虑次小运费，这就有一个差额。差额越大，说明不能按最小运费调运时，运费增加越多。因此，在差额最大处，就应当采用最小运费调运。基于此，伏格尔法的步骤如下：

第一步：在表 2-3 中分别计算出各行和各列的最小运费和次最小运费的差额，并填入该表的最右列和最下行，见表 2-10。

表 2-10

产地＼销地	B_1	B_2	B_3	B_4	行差额 / 元
A_1	3	11	3	10	0
A_2	1	9	2	8	1
A_3	7	4	10	5	1
列差额 / 元	2	5	1	3	

第二步：从行或列差额中选出最大者，选择它所在行或列中的最小元素。在表 2-10 中，B_2 列是最大差额所在列。B_2 列中最小元素为 4，可确定 A_3 的产品先供应 B_2 的需要，得表 2-11。同时将运价表中的 B_2 列数字划去，如表 2-12 所示。

表 2-11

产地＼销地	B_1	B_2	B_3	B_4	产量 / 件
A_1					7
A_2					4
A_3		6			9
销量 / 件	3	6	5	6	

第三步：对表 2-12 中未划去的元素再分别计算出各行、各列的最小运费和次最小运费的差额，并填入该表的最右列和最下行，重复第一、二步，直到给出初始解为止。用此法给出例

2－1的初始解列于表2－13。

表　2－12

销地 \ 产地	B_1	B_2	B_3	B_4	行差额／元
A_1	3	11	3	10	0
A_2	1	9	2	8	1
A_3	7	4	10	5	2
列差额／元	2		1	3	

表　2－13

销地 \ 产地	B_1	B_2	B_3	B_4	产量／件
A_1			5	2	7
A_2	3			1	4
A_3		6		3	9
销量／件	3	6	5	6	

由以上可见，伏格尔法同最小元素法除在确定供求关系上的原则不同外，其余步骤相同。伏格尔法给出的初始解比用最小元素法给出的初始解更接近最优解。

本例用伏格尔法给出的初始解就是最优解。

三、产销不平衡的运输问题

前面讲的表上作业法，都是以产销平衡，即

$$\sum_{i=1}^{m} a_i = \sum_{j=1}^{n} b_j \tag{2-6}$$

为前提的，但是实际问题中产销往往是不平衡的，就需要把产销不平衡的问题化成产销平衡的问题。

当产大于销，即

$$\sum_{i=1}^{m} a_i > \sum_{j=1}^{n} b_j \tag{2-7}$$

时，运输问题的数学模型可写成

$$\min z = \sum_{i=1}^{m} \sum_{j=1}^{n} c_{ij} x_{ij} \tag{2-8}$$

满足

$$\left.\begin{aligned}&\sum_{j=1}^{n}x_{ij}\leqslant a_i(i=1,2,\cdots,m)\\&\sum_{i=1}^{m}x_{ij}=b_j(j=1,2,\cdots,n)\\&x_{ij}\geqslant 0\end{aligned}\right\}\tag{2-9}$$

由于总的产量大于销量，就要考虑多余的物资在那一个产地就地储存的问题，设 $x_{i,n+1}$ 是产地 A_i 的储存量，于是有

$$\sum_{j=1}^{n}x_{ij}+x_{i,n+1}=\sum_{j=1}^{n+1}x_{ij}=a_i(i=1,\cdots,m)$$

$$\sum_{i=1}^{m}x_{ij}=b_j(j=1,\cdots,n)$$

$$\sum_{i=1}^{m}x_{i,n+1}=\sum_{i=1}^{m}a_i-\sum_{j=1}^{n}b_j=b_{n+1}$$

令 $c'_{ij}=c_{ij}$，当 $i=1,\cdots,m,j=1,\cdots,n$ 时，$c'_{ij}=0$；当 $i=1,\cdots,m,j=n+1$ 时，将其分别代入目标函数，得到

$$\min z'=\sum_{i=1}^{m}\sum_{j=1}^{n+1}c'_{ij}x_{ij}=\sum_{i=1}^{m}\sum_{j=1}^{n}c'_{ij}x_{ij}+\sum_{i=1}^{m}c'_{i,n+1}x_{ij}=\sum_{i=1}^{m}\sum_{j=1}^{n}c_{ij}x_{ji}\tag{2-10}$$

满足

$$\left.\begin{aligned}&\sum_{j=1}^{n+1}x_{ij}=a_i\\&\sum_{i=1}^{m}x_{ij}=b_j\\&x_{ij}\geqslant 0\end{aligned}\right\}$$

由于这个模型中

$$\sum_{i=1}^{m}a_i=\sum_{j=1}^{n}b_j+b_{n+1}=\sum_{j=1}^{n+1}b_j$$

所以，这是一个产销平衡的运输问题。

当产大于销时，只要增加一个假想的销地 i（实际上是储存），该销地总需要量为

$$\sum_{i=1}^{m}a_i-\sum_{j=1}^{n}b_j\tag{2-11}$$

而在单位运价表中从各产地到假想销地的单位运价为 $c'_{i,n+1}=0$，就转化成一个产销平衡的运输问题；类似地，当销大于产时，可以在产销平衡表中增加一个假想的产地 $i=m+1$，该地产量为

$$\sum_{j=1}^{n}b_j-\sum_{i=1}^{m}a_i\tag{2-12}$$

在单位运价表上令从该假想产地到各销地的运价 $c'_{m+1,j}=0$，同样可以转化为一个产销平衡的运输问题。

第二节　军事物资的运输问题

输送任务是军队后勤部门的一项重要工作，它在非战时的状态影响着工作效率及经济效益；在战时的状态直接影响着战斗效率。在军队后勤保障中，通常是运送各种不同的物资，如装备、人员、燃料等，而且有时某个需点必须被供给一定量的物资。这样，就不能直接利用前面的模型，必须对问题进行分析处理。

在某军供点 B_1 处有 10 车物资，4 车运往 A_1 点，6 车运往 A_2 点；在 B_2 处有 2 车物资运往 A_3 点；在 B_3 处有 3 车物资运往 A_4 点。车队只有两辆卡车、两辆加载车可供使用，空车送货前集中在 A_0 处，并要求：

1) B_2 处两车特种物资需要提前用加载车运往 A_3 点；

2) 送完所有物资后，所有车辆返回到 A_0 点。

问如何运输才能使空车行驶里程最少？已知各供需点间的距离见表 2-14。

表　2-14

距离	B_1	B_2	B_3	A_0
A_0	1	2	3	0
A_1	5	1	3	6
A_2	4	2	1	3
A_3	3	8	4	5
A_4	2	9	5	4

第一步，构造空车供需平衡表。本实例不是同种物资的运输问题，因而不能直接使用运输模型。但目标是使空驶里程最少，因此，可将空车视为运输模型中的同种物资。所有车出发前，A_0 点为空车供点，供量为 4。物资送到目的地后又变成空车，所以 A_1，A_2，A_3 和 A_4 也是空车供点，供量分别为 4，6，2，3。而物资的起运点 B_1，B_2 和 B_3 是空车需点，供点 A_0 与零点的距离视为无穷大，目的是不使空车在原地不动，因而可构造空车供需平衡表(见表 2-15)。

表　2-15

距离		需点				供量 / 车
		B_1	B_2	B_3	A_0	
供点	A_0	1	2	3	∞	4
	A_1	5	1	3	6	4
	A_2	4	2	1	3	6
	A_3	3	8	4	5	2
	A_4	2	9	5	4	3
需量 / 车		10	2	3	4	

由实例的第一条要求可知，A_0 至少要供给 B_2 两辆空车，且只需供给 B_2 两辆加载车，因此，运输问题属于既带有约束2又带有约束3的情形，故也可将供需平衡表改进为如表2-16和表2-17 所示。

表 2-16

距离		需点					供量/车
		B_1	B_{21}	B_{22}	B_3	A_0	
供点	A_{01}	∞	2	2	∞	∞	2
	A_{02}	1	2	2	3	∞	2
	A_1	5	∞	1	3	6	4
	A_2	4	∞	2	1	3	6
	A_3	3	∞	8	4	5	2
	A_4	2	∞	9	5	4	3
需量/车		10	2	0	3	4	

表 2-17

距离		需点				供量/车
		B_1	B_2	B_3	A_0	
供点	A_0	1	∞	3	∞	2
	A_1	5	1	3	6	4
	A_2	4	2	1	3	6
	A_3	3	8	4	5	2
	A_4	2	9	5	4	3
需量/车		10	0	3	4	

第二步，求解最优方案。用表上作业法求解本实例，所得最优解为

$$x_{01}=2,\quad x_{02}=2,\quad x_{11}=3,\quad x_{13}=1$$

$$x_{20}=4,\quad x_{23}=2,\quad x_{31}=2,\quad x_{41}=3$$

即最优运输方案为（其中，箭头上方的数字表示供点供给需点的车辆数）

$$A_0\xrightarrow{2}B_1,\quad A_1\xrightarrow{2}B_2,\quad A_1\xrightarrow{3}B_1,\quad A_1\xrightarrow{1}B_3$$

$$A_2\xrightarrow{2}B_3,\quad A_2\xrightarrow{4}B_3,\quad A_3\xrightarrow{2}B_1,\quad A_4\xrightarrow{3}B_1$$

第三步，编制行车路线。为了按最优运输方案供车，编制工具行车路线如下：

油罐车 1：$A_0\xrightarrow{装}B_2\xrightarrow{送}A_3\xrightarrow{装}B_1\xrightarrow{送}A_1\xrightarrow{装}B_1\xrightarrow{送}A_2\xrightarrow{回}A_0$

油罐车 2：$A_0\xrightarrow{装}B_2\xrightarrow{送}A_3\xrightarrow{装}B_1\xrightarrow{送}A_1\xrightarrow{装}B_1\xrightarrow{送}A_2\xrightarrow{回}A_0$

卡车 1：$A_0\xrightarrow{装}B_1\xrightarrow{送}A_1\xrightarrow{装}B_3\xrightarrow{送}A_4\xrightarrow{装}B_1\xrightarrow{送}A_2\xrightarrow{装}B_3\xrightarrow{送}A_4\xrightarrow{装}B_1\xrightarrow{送}A_2\xrightarrow{回}A_0$

卡车 2：$A_0\xrightarrow{装}B_1\xrightarrow{送}A_1\xrightarrow{装}B_3\xrightarrow{送}A_4\xrightarrow{装}B_1\xrightarrow{送}A_2\xrightarrow{装}B_1\xrightarrow{送}A_2\xrightarrow{回}A_0$

第三章　指派问题原理及应用

第一节　指派问题基本原理

指派问题(Assignment Problem)一般可用整数规划的解法去求解。下面先了解一下整数规划方法的相关理论。

整数规划是一类要求变量取整数值的数学规划，当在线性规划中，要求变量取整数值时，则称为线性整数规划；当要求变量只取 0 或 1 时，则称为 0—1 整数规划；若只要求部分变量取整数值，则称为混合整数规划。

一、线性整数规划的数学描述

线性整数规划又叫整数线性规划，即一类变量取整数的线性规划，其标准为

$$\left.\begin{array}{ll} \min & cx \\ \text{s. t.} & \boldsymbol{A}x = \boldsymbol{b} \\ x \geqslant 0 & 整数 \end{array}\right\} \quad (3-1)$$

二、整数规划基本算法

1. 分支定界法

(1) 分支定界法的基本思想。解最优问题的一个方法是通过解这个问题的松弛问题而得。

$$\max f(x), \quad x \in S \quad (3-2)$$

$$\max f(x), \quad x \in T \quad (3-3)$$

如果 $S \subset T$，就称式(3-3)是式(3-2)的松弛问题，如 ILP 对应的 LP 就是原问题的松弛问题。有时候，一个不太容易解的问题，它的可行解集合很大以后，变成它的松弛问题倒比较容易解了。例如，如果要找年龄是 20 岁的全国跳得最高的不太容易，但是把年龄正好是 20 这个条件去掉，变成它的松弛问题，找全国跳得最高的人，那就很容易了，去国家体委查一下全国跳高纪录保持者就行了。

为了解式(3-2)，可以解它的松弛问题式(3-3)，如果式(3-3)没有可行解，就是 $T=\varnothing$，当然式(3-2)也没有可行解，找到式(3-3)的最优解 x^0，如果恰好有 $x^0 \in S$，那么 x^0 也是式(3-2)的最优解，问题得到解决。如果式(3-3)的最优解 $x^0 \notin S$，那就再想办法。

在这里的办法，不是通过改进松弛问题，而是不断地分解问题来找到它的最优解的，如果松弛问题的最优解 $x^0 \in S$，那么就把原问题的可行解集合 S 分解成 P 个子集合。

$$S = \bigcup_{i=1}^{P} S_i$$

分解子问题

$$\max f(x), \quad x \in S_i \tag{3-4}$$

的松弛问题

$$\max f(x), \quad x \in T_i \tag{3-5}$$

如果这 P 个松弛问题都查清，当然原问题就查清了，否则再分解没有查清的子问题。像枚举树那样，每个顶点代表一个子问题，通过解这个子问题的松弛问题来解这个子问题。如果这个子问题查清，这个顶点就不再分解了，否则就分解，通过解它们的松弛问题来查清这些问题。因为可行解集合逐步缩小，所以松弛问题越来越容易查清。

如果已知原问题式(3-2)的最优值的一个下界 Z，那么在解式(3-4)的松弛问题式(3-5)时，即使它的最优解 $x^0 \in S_i, f(x^0)=z_i^0 \leqslant Z$，也可以断定式(3-4)已经没有比 Z 更好的最优值，S_i 被查清。

下界 Z 式可以不断改进，如果式(3-5)有最优解 $x^0 \in S_i$，并且 $f(x^0)=z^0 > Z$，那么新的下界可以改进为 z^0，下界的逐步改进使松弛问题被查清的可能性逐步增大，这就是分支定界法的基本思想。

(2) 分支定界法的计算步骤。分支定界法的计算步骤如下：

$$\max f(x), \quad x \in S \tag{3-6}$$

首先，设 $S=S_0$，式(3-6)有下界 Z，设探测 S 的子集合 S_j，即

$$\max f(x), \quad x \in S_j \tag{3-7}$$

解式(3-7)的松弛问题

$$\max f(x), \quad x \in T_j \tag{3-8}$$

可能出现下面几种情况：

1) $T_j=\varnothing$，这时一定有 $S_j=\varnothing$，问题式(3-7)被查清。

2) $T_j=\varnothing$，x_j^0 是式(3-8)的最优解，并且 $x_j^0 \in S_j, f(x_j^0)=z_j^0$，这时 x_j^0 就是式(3-7)的解，问题式(3-7)被查清，还可以把下界 Z 修改为 $Z=\max(z_j^0, z)$。

3) $T_j=\varnothing$，式(3-8)的最优解 $x_j^0 \in S_j$，但是 $f(x_j^0)=z_j^0 \leqslant Z$，式(3-7)也被查清。

4) $T_j=\varnothing$，式(3-8)的最优解 $x_j^0 \in S_j, f(x_j^0)=z_j^0 > Z$，问题式(3-7)没有被查清，称这个顶点为活点，再分解。

开始时，S_0 对应的顶点 v_0 是活点，$Z=-\infty$，若干计算过程中不存在活点了，计算结束。

现在来介绍一种解线性整数规划 ILP 的分支定界法。

$$\max f(x), \quad x \in -S=\{x \mid \boldsymbol{AX}=\boldsymbol{b}, x>0, \text{整数}\} \tag{3-9}$$

它的松弛问题是对应的线性规划 LP 为

$$\max f(x), \quad x \in -T=\{x \mid \boldsymbol{AX}=\boldsymbol{b}, x \geqslant 0, \text{整数}\} \tag{3-10}$$

利用单纯性法，得到式(3-10)的最优解 $\boldsymbol{X}$，而某个变量 x_i 不是整数，$x_i=[y_i]+f_i$，$0<f_i<1$，则把 S_j 划分为

$$S_j^*=\{S_j \cap \{x \mid x_i \leqslant [y_i]\}\} \cup \{S_j \cap \{x \mid x_i \geqslant [y_i+1]\}\} \tag{3-11}$$

则得到两个线性规划(LP_1, LP_2)

$$LP_1 \max f(x) \boldsymbol{Ax}=\boldsymbol{b}, \quad x \in \{S_j \cap \{x \mid x_i \leqslant [y_i]\}\} \tag{3-12}$$

$$LP_2 \max f(x) \boldsymbol{Ax}=\boldsymbol{b}, \quad x \in \{S_j \cap \{x \mid x_i \geqslant [y_i+1]\}\} \tag{3-13}$$

解两个线性规划，如果最优解 $\boldsymbol{X}$ 的每个分量都是整数，当然就不应再分解了，否则同一方

法继续分解下去。

2. 割平面法

割平面法是解整数线性规划的一类重要方法。其基本思想是,先不考虑变量取整数约束来求解相应的线性规划,然后不断增加适当的先行约束,将原可行域割掉不含整数可行解的部分,最终得到一个具有整数坐标的极点的可行域,而该极点恰好是原整数规划最优解。

割平面法基本步骤:

第一步,不考虑变量的取整数约束,求解相应的线性规划问题,如果该问题没有可行解或最优解已是整数解,则停止,否则转下一步。

第二步,对上述线性规划问题的可行域进行“切割”,去掉一部分不含整数可行解的可行域,即增加适当的线性约束(简称为附加约束),然后返回第一步。

由此可见,割平面法关键在于“增加怎样的线性约束”。下面是一种解决方法。

给定一个 ILP

$$\left.\begin{array}{ll}\max & x_0=cx \\ \text{s. t.} & \boldsymbol{A}x=\boldsymbol{b} \\ x\geqslant 0 & \text{整数}\end{array}\right\} \tag{3-14}$$

它对应的 LP

$$\left.\begin{array}{ll}\max & x_0=cx \\ \text{s. t.} & \boldsymbol{A}x=\boldsymbol{b} \\ & x\geqslant 0\end{array}\right\} \tag{3-15}$$

在式(3-15)的基解上找到一个最优解 $\boldsymbol{X}^0=(x_1^0,x_2^0,\cdots,x_n^0)^{\mathrm{T}}$,用 $\boldsymbol{S}$ 表示 X^0 的基变量下标集合,用 $\mathbf{R}$ 表示 $\boldsymbol{X}^0$ 的非基变量的下标集合,可以把式(3-15)写成典式

$$x_i=y_i-\sum_{j\in\mathbf{R}}y_{ij}x_j \quad (i=0,i\in S)$$

$$x_j\geqslant 0 \quad (j=1,2,\cdots)$$

这时 $x_i^0=y_i\geqslant 0,i\in S,x_j^0=0,j\in\mathbf{R}$,检验 $y_i\geqslant 0,j\in\mathbf{R}$,如果 $y_i,i\in S,y_0$ 都是整数,那么 $\boldsymbol{x}^0$ 就是ILP的最优解。假设 $y_i,i=0,i\in S$ 中至少有一个不是整数,它对应的约束方程为

$$x_i=y_i-\sum_{j\in\mathbf{R}}y_{ij}x_j \tag{3-16}$$

如果用 $[y_{ij}]$ 表示小于 y_{ij} 并且最接近 y_{ij} 的整数,则 $y_{ij}=[y_{ij}]+f_{ij}$,f_{ij} 是 y_{ij} 的分数部分,$0\leqslant f_{ij}<1$,式(3-16)可以写成

$$x_i=[y_i]+f_i-\sum_{j\in\mathbf{R}}[y_{ij}]x_j-\sum_{j\in\mathbf{R}}f_{ij}x_j=[y_i]-\sum_{j\in\mathbf{R}}[y_{ij}]x_j+f_i-\sum_{j\in\mathbf{R}}f_{ij}x_j$$

作新的约束:

$$f_i-\sum_{j\in\mathbf{R}}f_{ij}x_j\leqslant 0 \tag{3-17}$$

由此,解线性整数规划的整数型割平面法的步骤如下:

第一步(开始):给定 ILP 式(3-14),解它对应的 LP 式(3-15),转向第一步。

第二步(最优判断):判断所得到的解是否含整数,假定它是式(3-14)的最优解,假定不是,转向第三步。

第三步(增加割平面和迭代):任选具有 $f_r>0$ 的第 r 行,在约束式(3-16)中取 $i=r$,作新的约束式(3-14),得到增加新约束后的 LP,解此线性规划,转向第二步。

第二节　导弹作战任务分配问题

在导弹作战中，任务分配含义：根据给定的打击目标和耗弹量，根据各个部队的武器装备、发射阵地和发射能力等情况，确定各个部队所要打击的目标和发射的弹量。因此，任务分配是建立目标、部队（或发射阵地）以及弹量之间的最佳匹配过程。

一、任务分配规划模型

之所以进行目标、部队（或发射阵地）以及弹量之间的最佳匹配，就是对于目标所需要的成爆弹量，需要考虑导弹可靠性、突防能力、部队的生产能力等因素。也就是说，为了达到打击目标所需的成爆弹量，确定最佳的匹配关系，使得部队最终的发射弹量最小。

假设目标个数为 n，部队个数为 n，第 i 个部队打击第 j 个目标的耗弹量为 c_{ij}，那么，目标函数为

$$\min\left(\sum_{i=1}^{m}\sum_{j=1}^{n}c_{ij}x_{ij}\right)$$

其中，x_{ij} 表示第 i 个部队是否打击第 j 个目标，是 $x_{ij}=1$，不是 $x_{ij}=0$。

对应每个目标来说，各个部队对该目标打击的发射弹量折算称成爆弹量，其总和不超过目标所需的成爆弹量。

假设目标 j 的成爆弹量为 C_j，第 i 个部队打击第 j 个目标的发射弹量与成爆弹量的换算关系为 a_{ij}，那么有

$$\sum_{i=1}^{m}a_{ij}c_{ij}x_{ij}\leqslant C_i\quad(j=1,2,\cdots,n)$$

对于每个作战部队来说，其部队的总发射弹量不能超过部队的装备弹量，即

$$\sum_{j=1}^{n}c_{ij}x_{ij}\leqslant M_i\quad(i=1,2,\cdots,m)$$

式中，M_i 表示第 i 个作战部队的装备弹量。

当然，还有其他的指定限制，比如指定第 k 个部队必须打击第 j 个目标，则

$$x_{kj}=1$$

指定第 l 个部队不能打击第 j 个目标，则

$$x_{lj}=0$$

因此，任务分配方程为

$$\min\left(\sum_{i=1}^{m}\sum_{j=1}^{n}c_{ij}x_{ij}\right)\tag{3-18}$$

约束条件为

$$\sum_{i=1}^{m}a_{ij}c_{ij}x_{ij}\leqslant C_j\quad(j=1,2,\cdots,n)\tag{3-19}$$

$$\sum_{j=1}^{n}c_{ij}x_{ij}\leqslant M_i\tag{3-20}$$

则

$$x_{kj}=1,\quad x_{lj}=0,\quad x_{ij}\text{ 取 0 或 1}$$

二、导弹作战运筹中几类任务分配模型

1. 受地域限制的任务分配模型

根据受地域限制的任务分配含义，可将要打击的目标分成若干组，每组由指定的部队去打击。为了将问题简化，假设将所要打击的目标分为一组，当分为多组时，其任务分配模型一样。

考虑导弹的生存能力，当制作作战计划时，在作战条件允许的情况下，每个部队应尽可能使用次数少，而每次打击的目标尽可能地多，使用的弹量尽可能地大，这样当建立规划模型时，其目标函数指标式发射弹量最大。

规划模型：

$$\max\left[\sum_{i=1}^{m}\sum_{j=1}^{n}(f_{ij})\right]$$

$$\text{s.t.}\quad\left.\begin{array}{l}\displaystyle\sum_{i=1}^{m} f_{ij}\leqslant M_j\quad(j=1,2,\cdots,n)\\ \displaystyle\sum_{j=1}^{n} f_{ij}\leqslant x_{ij}\quad(i=1,2,\cdots,m)\end{array}\right\}\tag{3-21}$$

式中　m——打击的目标个数；

n——可以使用部队数量；

M_j——第 j 个部队一次最大的发射能力；

x_{ij}——第 i 个目标第 j 种弹型的发射弹量；

f_{ij}——第 j 个部队打击第 i 个目标的发射弹量，$f_{ij}\neq 0$ 属于指定打击对象，$f_{ij}=0$ 属于指定不打击对象。

利用该规划模型可以规划出部队一次的任务分配，如果所有打击的目标在一次分配中被分配完毕，则任务分配介绍；如果所有打击的目标在一次分配中没有分配完毕，将剩下的目标再次利用该规划模型进行第二次分配，直至所有打击的目标在其中一次分配中被分配完为止。

2. 受时间限制的任务分配模型

根据受时间限制的任务分配含义，可将所要打击的目标分成若干段时间内完成，每段时间内所打击的目标可以是指定的，也可以不指定。如果不指定，则首先确定每段时间内所能打击的目标。

确定各段时间内，部队最大的发射弹量：

设 $\Delta t_k(k=1,2,3,\cdots,n_f)$ 表示这 k 个时间段的时间长度，同时设 Δt_i 表示第 i 个部队一个发射单元从完成一次导弹发射开始，到第二次发射导弹完成为止的这段时间；F_{li} 表示第 i 个参战部队一次所能发射的最大弹数，则令

$$\lambda_i^k=\left[\frac{\Delta t_k}{\Delta t_i}\right]\tag{3-22}$$

如果 $\dfrac{\Delta t_k}{\Delta t_i}>\left[\dfrac{\Delta t_k}{\Delta t_i}\right]$，则第 k 个时间段内各个部队的最大发射弹量为

$$M_i^k=(\lambda_i^k+1)F_i^l\tag{3-23}$$

如果一个作战部队只有一种导弹类型，从而可得到第 k 个时间段内各种弹型的最大发射

弹数 TF_j^k 为

$$TF_j^k = \sum_{i_j}^{k_j} M_{i_j}^k \tag{3-24}$$

式中 i_j—— 属于第 j 种弹型的部队序号；

k_j—— 属于第 j 种弹型的部队个数。

那么，根据火力分配原则，第 k 个时间段内所能打击的目标模型为

$$\max\left(\sum_{i=1}^{m}(x_j)\right)$$

s.t.

$$\sum_{i=1}^{m} x_{ij} \leqslant M_j^k \quad (j=1,2,\cdots,n) \tag{3-25}$$

式中 m—— 打击的目标个数；

n—— 可以使用部队数量；

x_{ij}—— 第 i 个目标第 j 种弹型的发射弹量；

x_i—— 第 i 个目标的打击与否，$x_i=1$，表示第 i 个目标在该时间段内打击，$x_i=0$，表示第 i 个目标在该时间段内不打击。

这样就可以得到每个时间内所能打击的目标。接下来的任务分配，可利用上面介绍的规划方法进行解决。

3. 受时间、地域限制的任务分配模型

根据受时间、地域限制的任务分配含义，首先确定各个时间段内所能打击的目标，分以下两步：

第一步，确定各段时间内部队最大的发射弹量，方法同上。

第二步，根据火力分配原则，建立第 k 时间段内所能打击的目标模型为

$$\max\left[\sum_{i=1}^{m}(x_i)\right]$$

s.t.

$$\sum_{i=1}^{m} x_{ij} \leqslant M_j^k \quad (j=1,2,\cdots,n) \tag{3-26}$$

式中 m—— 打击的目标个数；

n—— 可以使用部队数量；

x_{ij}—— 第 i 个目标第 j 种弹型的发射弹量；

x_i—— 第 i 个目标的打击与否，$x_i=1$，表示第 i 个目标在该时间段内打击，$x_i=0$，表示第 i 个目标在该时间段内不打击。

这样就可以得到每个时间段所能打击的目标。

第三步，就是对每一个时间段进行任务分配，可利用上面介绍的规划方法进行解决。

第四章　非线性规划原理及应用

第一节　非线性规划基本原理

在科学管理和其他领域中，很多实际问题是可以归结为线性规划问题的，其目标函数和约束条件都是自变量的一次函数，但是，还有另外一些问题，其目标函数和（或）约束条件很难用线性函数表达。如果目标函数或约束条件中包含有非线性函数，就称这种规划问题为非线性规划问题，而解这种问题要用非线性规划的方法。由于很多实际问题要求进一步精确化，也随着计算机的发展，非线性规划在近 30 多年来得以长足发展。目前，它已成为运筹学的重要分支之一，并在最优设计、管理科学、系统控制等许多领域得到越来越广泛的应用。

一般说来，解非线性规划问题要比解线性规划问题困难得多，而且，也不像线性规划有单纯形法这一通用方法；非线性规划目前还没有适于各种问题的一般算法，各个方法都有自己特定的适用范围，这是需要人们更深入地进行研究的一个领域。在以下两章中，除了简要地介绍非线性规划的基本概念和一维搜索法之外，着重说明无约束极值问题和约束极值问题的主要解法。为了叙述方便，常用大写字母代表 n 维欧氏空间中的向量（点），而以相应的小写字母代表该向量的分量（点的坐标）。此外，在这一部分中所用到的向量，均规定为列向量。

一、无约束问题

1. 问题的提出

例 4－1　某公司经营两种设备。第一种设备每件售价 30 元，第二种设备每件售价 450 元。根据统计，售出 1 件第一种设备所需要的营业时间平均是 0.5 h，售出 1 件第二种设备的营业时间平均是 $(2+0.25x_2)$ h，其中，x_2 是第二种设备的售出数量。已知该公司在这段时间内的总营业时间为 800 h，试决定使其营业额最大的营业计划。

解　设该公司计划经营第一种设备 x_1 件，第二种设备 x_2 件，根据题意，其营业额为

$$f(\boldsymbol{X})=30x_1+450x_2$$

由于营业时间的限制，该计划必须满足

$$0.5x_1+(2+0.25x_2)x_2\leqslant 800$$

此外，这个问题还应满足

$$x_1\geqslant 0,\quad x_2\geqslant 0$$

如此得到这个问题的数学模型如下：

$$\begin{cases}\max f(\boldsymbol{X})=30x_1+450x_2\\0.5x_1+(2+0.25x_2)x_2\leqslant 800\\x_1\geqslant 0,\quad x_2\geqslant 0\end{cases}$$

例 4-2 为了进行多属性问题的综合评价，就需要确定每个属性的相对重要性，即求它们的权重，为此将各属性进行两两比较，从而得出如下判断矩阵：

$$\boldsymbol{J}=\begin{bmatrix} a_{11} & \cdots & a_{1n} \\ \vdots & & \vdots \\ a_{n1} & \cdots & a_{nn} \end{bmatrix}$$

其中，元素 a_{ij} 是第 i 个属性的重要性与第 j 个属性的重要性之比。

解 现需从判断矩阵求出各属性的权重，为了使求出的权向量

$$\boldsymbol{W}=(w_1,w_2,\cdots,w_n)^{\mathrm{T}}$$

在最小二乘意义上能最好地反映判断矩阵的估计，由 $a_{ij}\approx w_i/w_j$，可得

$$\begin{cases} \min\sum_{i=1}^{n}\sum_{j=1}^{n}(a_{ij}w_j-w_i)^2 \\ \sum_{i=1}^{n}w_i=1 \end{cases}$$

例 4-1 的目标函数为自变量的线性函数，但其第一个约束条件却是自变量的二次函数，因而它是非线性规划问题。例 4-2 的目标函数是自变量的非线性函数，因此，它也是非线性规划问题。

2. 非线性规划问题的数学模型

非线性规划的数学模型常表示成以下形式：

$$\min f(\boldsymbol{X}) \tag{4-1}$$

$$h_i(\boldsymbol{X})=0,\quad i=1,2,\cdots,m \tag{4-2}$$

$$g_j(\boldsymbol{X})=0,\quad j=1,2,\cdots,l \tag{4-3}$$

式中，$\boldsymbol{X}=(x_1,x_2,\cdots,x_n)^{\mathrm{T}}$ 是 n 维欧氏空间 E^n 中的向量(点)；$f(\boldsymbol{X})$ 为目标函数，$h_i(\boldsymbol{X})=0$ 和 $g_i(\boldsymbol{X})\geqslant 0$ 为约束条件。

由于 $\max f(\boldsymbol{X})=-\min[-f(\boldsymbol{X})]$，当需使目标函数极大化时，只需使其负值极小化即可，因而仅考虑极小化无损于一般性。

若某约束条件是“$\leqslant$”不等式，仅需用“-1”乘该约束的两端，即可将这个约束变为“$\geqslant$”的形式。

由于等式约束

$$h_i(\boldsymbol{X})=0$$

等价于下述两个不等式约束：

$$h_i(\boldsymbol{X})\geqslant 0$$

$$-h_i(\boldsymbol{X})\geqslant 0$$

因而，也可将非线性规划的数学模型写成以下形式：

$$\min f(\boldsymbol{X}) \tag{4-4}$$

$$g_j(\boldsymbol{X})=0,\quad (j=1,2,\cdots,l) \tag{4-5}$$

3. 非线性规划的图示

图示法可以给人以直观概念，当只有两个自变量时，非线性规划也可像线性规划那样用图示法来表示，考虑非线性规划

$$\min f(\boldsymbol{X})=(x_1-2)^2+(x_2-2)^2 \tag{4-6}$$

$$h(\boldsymbol{X})=x_1+x_2-6=0 \tag{4-7}$$

若令其目标函数为

$$f(\boldsymbol{X})=C \tag{4-8}$$

其中，C 为某一常数，则式(4-8)代表目标函数值等于 C 的点的集合，它一般为一条曲线或一张曲面，通常称其为等值线或等值面。对于这个例子来说，若令目标函数式(4-6)分别等于2和4，就得到两条圆形等值线(见图4-1)。由图可见，等值线 $f(\boldsymbol{X})=2$ 和约束条件直线 AB 相切，切点 D 即为此问题的最优解：$x_1^*=x_2^*=3$，其目标函数值 $f(\boldsymbol{X}^*)=2$。

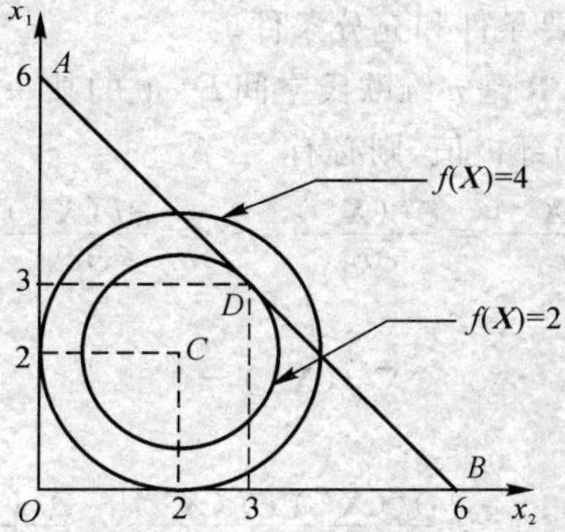

图　4-1

在这个例子中，约束条件式(4-7)对最优解是有影响的，若以

$$h(\boldsymbol{X})=x_1+x_2-6\leqslant 0 \tag{4-9}$$

代替约束条件式(4-7)，则非线性规划式(4-6)和式(4-9)的最优解是 $x_1^*=x_2^*=2$，即图4-1所示的点 C(这时 $f(\boldsymbol{X})=0$)。由于最优点位于可行域的内部，故对这个问题的最优解来说，约束式(4-9)事实上是不起作用的，求这个问题的最优解时，可不考虑约束条件式(4-9)，就相当于没有这个约束一样。

如果线性规划问题的最优解存在，其最优解只能在其可行域的边界上达到(特别是在可行域的顶点上达到)；而非线性规划的最优解(如果最优解存在)，则可能在其可行域的任意一点达到。

二、极值问题

在高等数学课程中，已学过一元函数和多元函数的极值问题，现仅扼要说明如下：

1. 局部极值和全局极值

由于线性规划的目标函数为线性函数，可行域为凸集，因而求出的最优解就是整个可行域上的全局最优解。非线性规划却不然，有时求出的某个解虽是一部分可行域上的极值点，但并不一定是整个可行域上的全局最优解。

设 $f(\boldsymbol{X})$ 为定义在 n 维欧氏空间 E^n 的某一区域 $\mathbf{R}$ 上的 n 元实函数，其中 $\boldsymbol{X}=[x_1\quad x_2\quad \cdots\quad x_n]^{\mathrm{T}}$，对于 $\boldsymbol{X}^*\in\mathbf{R}$，如果存在某个 $\varepsilon>0$，使所有与 $\boldsymbol{X}^*$ 的距离小于 ε 的 $\boldsymbol{X}\in\mathbf{R}$($\boldsymbol{X}\in\mathbf{R}$ 且 $\|\boldsymbol{X}-\boldsymbol{X}^*\|<\varepsilon$)均满足不等式 $f(\boldsymbol{X})>f(\boldsymbol{X}^*)$，则称 $\boldsymbol{X}^*$ 为 $f(\boldsymbol{X})$ 在 $\mathbf{R}$ 上的局部极小点(或相对极小点)，$f(\boldsymbol{X}^*)$ 为局部极小值，若对于所有 $\boldsymbol{X}\neq\boldsymbol{X}^*$ 且与 $\boldsymbol{X}^*$ 的距离小于 $\boldsymbol{X}\in\mathbf{R}$，$f(\boldsymbol{X})>f(\boldsymbol{X}^*)$，则称 $\boldsymbol{X}^*$ 为 $f(\boldsymbol{X})$ 在 $\mathbf{R}$ 上的严格局部极小点，$f(\boldsymbol{X}^*)$ 为严格局部极

小值。

若点 $\boldsymbol{X}^{*} \in \mathbf{R}$，而对于所有 $\boldsymbol{X} \in \mathbf{R}$ 都有 $f(\boldsymbol{X}) \geqslant f(\boldsymbol{X}^{*})$，则 $\boldsymbol{X}^{*}$ 为 $f(\boldsymbol{X})$ 在 $\mathbf{R}$ 上的全局极小点，$f(\boldsymbol{X}^{*})$ 为全局极小值，若对于所有 $\boldsymbol{X} \in \mathbf{R}$ 且 $\boldsymbol{X} \neq \boldsymbol{X}^{*}$ 都有 $f(\boldsymbol{X}) > f(\boldsymbol{X}^{*})$，则称 $\boldsymbol{X}^{*}$ 为 $f(\boldsymbol{X})$ 在 $\mathbf{R}$ 上的严格全局极小点，$f(\boldsymbol{X}^{*})$ 为严格全局极小值。

如将上述不等式反向，即可得到相应的极大点和极大值的定义，下面仅就极小点及极小值加以说明，而且主要研究局部极小。

2. 极值点存在的条件

下面说明极值点存在的必要条件和充分条件。

定理 4-1 （必要条件）设 $\mathbf{R}$ 是 n 维欧氏空间 E^{n} 上的某一开集，$f(\boldsymbol{X})$ 在 $\mathbf{R}$ 上有一阶连续偏导数，且在点 $\boldsymbol{X}^{*} \in \mathbf{R}$ 取得局部极值，则必有

$$\frac{\partial f(\boldsymbol{X}^{*})}{\partial x_{1}} = \frac{\partial f(\boldsymbol{X}^{*})}{\partial x_{2}} = \cdots = \frac{\partial f(\boldsymbol{X}^{*})}{\partial x_{n}} = 0 \tag{4-10}$$

或

$$\nabla f(\boldsymbol{X}^{*}) = 0 \tag{4-11}$$

上式中

$$\nabla f(\boldsymbol{X}^{*}) = \left[\frac{\partial f(\boldsymbol{X}^{*})}{\partial x_{1}}\ \frac{\partial f(\boldsymbol{X}^{*})}{\partial x_{2}} \cdots \frac{\partial f(\boldsymbol{X}^{*})}{\partial x_{n}}\right] \tag{4-12}$$

为函数 $f(\boldsymbol{X}^{*})$ 在点 $\boldsymbol{X}^{*}$ 处的梯度。

由数学分析知道，$\nabla f(\boldsymbol{X})$ 的方向为 $f(\boldsymbol{X})$ 的等值面（等值线）的法线（在点 $\boldsymbol{X}$ 处）方向，沿这个方向函数值增加最快。

满足式(4-10)或式(4-11)的点称为平稳点或驻点。在区域内部，极值点必为平稳点，但平稳点不一定是极值点。

定理 4-2 （充分条件）设 $\mathbf{R}$ 是 n 维欧氏空间 E^{n} 上的某一开集，$f(\boldsymbol{X})$ 在 $\mathbf{R}$ 上具有二阶连续偏导数，$\boldsymbol{X}^{*} \in \mathbf{R}$，若 $\nabla f(\boldsymbol{X}^{*}) = 0$，且对任何非零向量 $\boldsymbol{Z} \in E^{n}$ 有

$$\boldsymbol{Z}^{\mathrm{T}} \boldsymbol{H}(\boldsymbol{X}^{*}) \boldsymbol{Z} > 0 \tag{4-13}$$

则 $\boldsymbol{X}^{*}$ 为 $f(\boldsymbol{X})$ 的严格局部极小点，此处 $H(\boldsymbol{X}^{*})$ 为 $f(\boldsymbol{X})$ 在点 $\boldsymbol{X}^{*}$ 处的海赛矩阵。

$$\boldsymbol{H}(\boldsymbol{X}^{*}) = \begin{bmatrix} \dfrac{\partial^{2} f(\boldsymbol{X}^{*})}{\partial x_{1}^{2}} & \dfrac{\partial^{2} f(\boldsymbol{X}^{*})}{\partial x_{1}^{2}} & \cdots & \dfrac{\partial^{2} f(\boldsymbol{X}^{*})}{\partial x_{1} \partial x_{n}} \\ \dfrac{\partial^{2} f(\boldsymbol{X}^{*})}{\partial x_{2} \partial x_{1}} & \dfrac{\partial^{2} f(\boldsymbol{X}^{*})}{\partial x_{2}^{2}} & \cdots & \dfrac{\partial^{2} f(\boldsymbol{X}^{*})}{\partial x_{2}^{2} \partial x_{n}} \\ \vdots & \vdots & & \vdots \\ \dfrac{\partial^{2} f(\boldsymbol{X}^{*})}{\partial x_{n} \partial x_{1}} & \dfrac{\partial^{2} f(\boldsymbol{X}^{*})}{\partial x_{n} \partial x_{2}} & \cdots & \dfrac{\partial^{2} f(\boldsymbol{X}^{*})}{\partial x_{n}^{2}} \end{bmatrix} \tag{4-14}$$

需要指出，定理 4-2 中的充分条件式(4-13)并不是必要的，可以举出这样的例子：$\boldsymbol{X}^{*}$ 是 $f(\boldsymbol{X})$ 的极小点，但却不满足条件式(4-13)，例如，$f(\boldsymbol{X}) = x^{4}$，它的极小点是 $x^{*} = 0$，但 $f''(\boldsymbol{x}^{n}) = 0$，这不满足式(4-13)。

现考虑二次型 $\boldsymbol{Z}^{\mathrm{T}}\boldsymbol{H}\boldsymbol{Z}$，若对于任意 $\boldsymbol{Z} \neq \boldsymbol{0}$（即 $\boldsymbol{Z}$ 的元素不全为零），二次型 $\boldsymbol{Z}^{\mathrm{T}}\boldsymbol{H}\boldsymbol{Z}$ 的值总是正的，即 $\boldsymbol{Z}^{\mathrm{T}}\boldsymbol{H}\boldsymbol{Z} > 0$，则称该二次型是正定的；若对于任意 $\boldsymbol{Z} \neq \boldsymbol{0}$，总有 $\boldsymbol{Z}^{\mathrm{T}}\boldsymbol{H}\boldsymbol{Z} \geqslant 0$，则称其为半正定；若对于任意 $\boldsymbol{Z} \neq \boldsymbol{0}$ 总有 $\boldsymbol{Z}^{\mathrm{T}}\boldsymbol{H}\boldsymbol{Z} \leqslant 0$，则称其为负定；若对于任意 $\boldsymbol{Z} \neq \boldsymbol{0}$ 总有 $\boldsymbol{Z}^{\mathrm{T}}\boldsymbol{H}\boldsymbol{Z} \leqslant 0$，则称其为半负定；如果对某些 $\boldsymbol{Z} \neq \boldsymbol{0}$，$\boldsymbol{Z}^{\mathrm{T}}\boldsymbol{H}\boldsymbol{Z} > 0$，而对另一些 $\boldsymbol{Z} \neq \boldsymbol{0}$，$\boldsymbol{Z}^{\mathrm{T}}\boldsymbol{H}\boldsymbol{Z} < 0$，即它既非正定，也非

负定，则称其为不定的，由线性代数学知道，二次型 $Z^T HZ$ 为正定的充要条件，是它的矩阵 H 的左上角各阶主子式都大于零；而它为负定的充要条件是它的矩阵 H 的左上角各阶主子式负正相间。

现以 h_{ij} 表示矩阵 H 的元素，上述条件为，当二次型正定时，有

$$h_{11}>0,\quad \begin{vmatrix} h_{11} & h_{12} \\ h_{21} & h_{22} \end{vmatrix}>0,\quad \cdots,\quad \begin{vmatrix} h_{11} & \cdots & h_{1n} \\ \vdots & & \vdots \\ h_{n1} & \cdots & h_{nn} \end{vmatrix}>0$$

当二次型负定时，有

$$h_{11}<0,\quad \begin{vmatrix} h_{11} & h_{12} \\ h_{21} & h_{22} \end{vmatrix}>0,\quad \begin{vmatrix} h_{11} & h_{12} & h_{13} \\ h_{21} & h_{22} & h_{23} \\ h_{31} & h_{32} & h_{33} \end{vmatrix}<0,\quad \cdots,\quad (-1)^n\begin{vmatrix} h_{11} & \cdots & h_{1n} \\ \vdots & & \vdots \\ h_{n1} & \cdots & h_{nn} \end{vmatrix}>0$$

二次型 $Z^T HZ$ 为正定、负定或不定时，其对称矩阵 H 分别称为正定的、负定的或不定的，定理 4-2 中的条件式(4-13)，就等于说其海赛矩阵在 X^* 处正定。

三、一维搜索

前已述及，当用上述迭代法求函数的极小点时，常常要用到一维搜索，即沿某一已知方向求目标函数的极小点。一维搜索的方法很多，常用的有 ① 试探法(“成功-失败”法，斐波那契法，0.618 法等)；② 插值法(抛物线插值法，三次插值法等)；③ 微积分中的求根法(切线法，二分法等)。限于篇幅，以下仅介绍斐波那契法和 0.618 法。

1. 斐波那契法(分数法)

设 $y=f(t)$ 是区间 $[a,b]$ 上的下单峰函数(见图 4-2)，在此区间内它有唯一极小点 t^*，若在此区间内任取两点 a_1 和 b_1，$a_1<b_1$，并计算函数值 $f(a_1)$ 和 $f(b_1)$，可能出现以下两种情形：

(1) $f(a_1)<f(b_1)$(见图 4-2(a))，这时极小点 t^* 必在区间 $[a,b_1]$ 内；

(2) $f(a_1)\geqslant f(b_1)$(见图 4-2(b))，这时极小点 t^* 必在区间 $[a_1,b]$ 内。

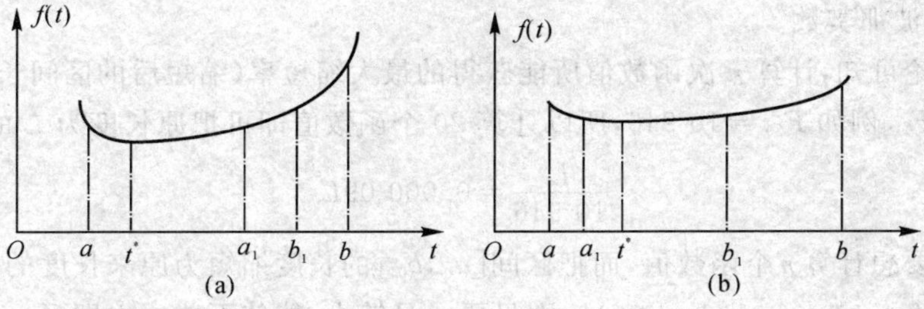

图　4-2

这说明，只要在区间 $[a,b]$ 内取两个不同点，并算出它们的函数值加以比较，就可以把搜索区间 $[a,b]$ 缩小成 $[a_1,b_1]$ 或 $[a_1,b]$(缩小后的区间仍包含极小点)。现在，如果要继续缩小搜索区间 $[a,b_1]$(或 $[a_1,b]$)，就只需在上述区间内再取一点算出其函数值，并与 $f(a_1)$ 或 $f(b_1)$ 加以比较即可，只要缩小后的区间包含极小点 t^*，则区间缩小得越小，就越接近于函数的极小点，但计算函数值的次数也就越多，这就说明区间的缩短率和函数值的计算次数有关。现在要问，计算函数值 n 次，能把区间缩小到什么程度呢？或者换一种说法，计算函数值 n 次，能把原来多大的区间缩小成长度为一个单位的区间呢？

如用 F_n 表示计算 n 个函数值能缩小为单位区间的最大原区间长度，显然

$$F_0 = F_t = 0$$

其原因是，只有当原区间长度本来就是一个单位长度时才不必计算函数值；此外，只计算一次函数值无法将区间缩短，故只有当区间长度本来就是单位区间时才行。

现考虑计算函数值两次的情形，今后把计算函数值的点称做试算点或试点。

在区间$[a,b]$内取两个不同点 a_1 和 b_1（见图 4-3(a)），计算其函数值以缩短区间，缩短后的区间为$[a,b_1]$或$[a_1,b]$。显然，这两个区间长度之和必大于$[a,b]$的长度，也就是说，计算两次函数值一般无法把长度大于两个单位的区间缩成单位区间。但是，对于长度为两个单位的区间，可以如图 4-3(b) 所示那样选取试点 a_1 和 b_1，图中，ε 为任意小的正数，缩短后的区间长度为 $1+\varepsilon$，由于 ε 可任意选取，故缩短后的区间长度接近于一个单位长度，由此可得 $F_2=1$。

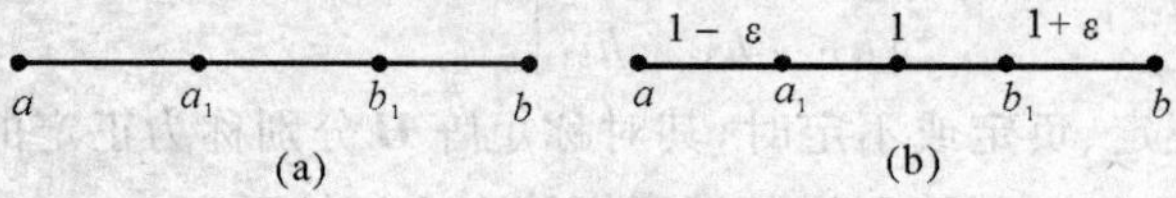

图 4-3

根据同样的分析可得

$$F_3 = 3,\quad F_4 = 5,\quad F_4 = 8,\quad \cdots$$

序列$\{F_n\}$可写成一个递推公式：

$$F_n = F_{n-1} + F_{n-2},\quad n \geqslant 2 \tag{4-15}$$

利用式(4-15)，可依次算出各 F_n 的值，见表 4-1。

表 4-1

n	0	1	2	3	4	5	6	7	8	9	10	11	12
F_n	1	1	2	3	5	8	13	21	34	55	89	144	233

F_n 就是斐波那契数。

由以上讨论可知，计算 n 次函数值所能获得的最大缩短率（缩短后的区间长度与原区间长度之比）为 $1/F_n$，例如 $F_{20}=10\ 946$，所以计算 20 个函数值即可把原长度为 L 的区间缩短为

$$\frac{L}{10\ 946} = 0.000\ 09L$$

的区间，现在，要想计算 n 个函数值，而把区间$[a_0,b_0]$的长度缩短为原来长度的 δ 倍，即缩短后的区间长度为 $b_{n-1}-a_{n-1} \leqslant (b_0-a_0)\delta$，则只要 n 足够大，能使下式成立即可：

$$F_n \geqslant \frac{1}{\delta} \tag{4-16}$$

式中，δ 为一个正小数，称为区间缩矩的相对精度，有时给出区间缩矩的绝对精度 η，即要求

$$b_{n-1} - a_{n-1} \leqslant \eta \tag{4-17}$$

显然，相对精度和绝对精度之间有如下关系：

$$\eta = (b_0 - a_0)\delta \tag{4-18}$$

用这个方法缩短区间的步骤如下：

(1) 确定试点的个数 n。根据缩短率 δ，即可用式(4-16)算出 F_n，然后由表 4-1 确定最小

的 n。

(2) 选取前两个试点的位置。由式(4－15),可知第一次缩短时的两个试点位置为

$$\left.\begin{aligned} t_1 &= b_0 + \frac{F_{n-1}}{F_n}(a_0 - b_0) \\ t_1' &= a_0 + \frac{F_{n-1}}{F_n}(b_0 - a_0) \end{aligned}\right\} \tag{4-19}$$

它们在区间内的位置是对称的。

(3) 计算函数值 $f(t_1)$ 和 $f(t_1')$,并比较它们的大小。若 $f(t_1) < f(t_1')$,则取

$$a_1 = a_0,\quad b_1 = t_1',\quad t_2' = t_1$$

并令

$$t_2 = b_1 + \frac{F_{n-2}}{F_{n-1}}(a_1 - b_1)$$

否则,取

$$a_1 = t_1',\quad b_1 = b_0,\quad t_2 = t_1'$$

并令

$$t_2' = a_1 + \frac{F_{n-2}}{F_{n-1}}(b_1 - a_1)$$

(4) 计算 $f(t_2)$ 或 $f(t_2')$。如第(3)步那样一步步迭代,计算试点的一般公式为

$$\left.\begin{aligned} t_k &= b_{k-1} + \frac{F_{n-k}}{F_{n-k+1}}(a_{k-1} - b_{k-1}) \\ t_k' &= a_{k-1} + \frac{F_{n-k}}{F_{n-k+1}}(b_{k-1} - a_{k-1}) \end{aligned}\right\} \tag{4-20}$$

式中,$k=1,2,\cdots,n-1$。

(5) 当进行至 $k=n-1$ 时,有

$$t_{n-1} = t_{n-1}' = \frac{1}{2}(a_{n-2} + b_{n-2})$$

这就无法借比较函数值 $f(t_{n-1})$ 和 $f(t_{n-1}')$ 的大小以确定最终区间,为此,取

$$\left.\begin{aligned} t_{n-1} &= \frac{1}{2}(a_{n-1} + b_{n-1}) \\ t_{n-1}' &= a_{n-2} + \left(\frac{1}{2} + \varepsilon\right)(b_{n-2} - a_{n-2}) \end{aligned}\right\}$$

其中,ε 为任意小的数,在 t_{n-1} 和 t_{n-1}' 这两点中,以函数较小者为近似极小点,相应的函数值为近似极小值,并得最终区间$[a_{n-2}, t_{n-1}']$或$[t_{n-1}, b_{n-2}]$。

由上述分析可知,斐波那契法使用对称搜索的方法,逐步缩短所考察的区间,它能以尽量少的函数求值次数,达到预定的某一缩短率。

2. 黄金分割法(0.618 法)

由第一节的论述可知,当用斐波那契法以 n 个试点来缩短某一区间时,区间长度的第一次缩短率为 F_{n-1}/F_n,其后各次分别为

$$\frac{F_{n-2}}{F_{n-1}}, \frac{F_{n-3}}{F_{n-2}}, \cdots, \frac{F_1}{F_2}$$

现将以上数列分为奇数项 $\frac{F_{2k-1}}{F_{2k}}$ 和偶数项 $\frac{F_{2k}}{F_{2k+1}}$,可以证明,这两个数列收敛于同一个

极限。

设当 $k \to \infty$ 时,有

$$\frac{F_{2k-1}}{F_{2k}} \to \lambda, \quad \frac{F_{2k}}{F_{2k+1}} \to \mu$$

由于

$$\frac{F_{2k-1}}{F_{2k}} = \frac{F_{2k-1}}{F_{2k-1} + F_{2k-2}} = \frac{1}{1 + \frac{F_{2k-2}}{F_{2k-1}}}$$

故当 $k \to \infty$ 时,有

$$\lim_{k\to\infty} \frac{F_{2k-1}}{F_{2k}} = \frac{1}{1+\mu} = \lambda \tag{4-21}$$

同理可证

$$\mu = \frac{1}{1+\lambda} \tag{4-22}$$

将式(4－21)代入式(4－22),得

$$\mu = \frac{1+\mu}{2+\mu}$$

即

$$\mu^2 + \mu - 1 = 0$$

从而可得

$$\mu = \frac{\sqrt{5}-1}{2}$$

若把式(4－22)代入式(4－21),则得

$$\lambda^2 + \lambda - 1 = 0$$

$$\lambda = \mu = \frac{\sqrt{5}-1}{2} = 0.618\ 033\ 988\ 741\ 894\ 8 \tag{4-23}$$

现用不变的区间缩短率为 0.618,代替斐波那契法每次不同的缩短率,就得到了黄金分割法(0.618 法),这个方法可以看成是斐波那契法的近似,实现起来比较容易,效果也相当好,因而易于为人们所接受。

当用 0.618 方法时,计算 n 个试点的函数值可以把原$[a_0, b_0]$连续缩短 $n-1$ 次,因为每次的缩短率均为 μ,故最后的区间长度为

$$(b_0 - a_0)\mu^{n-1}$$

这就是说,当已知缩短的相对精度为 δ 时,可用下式计算试点个数 n:

$$\mu^{n-1} \leqslant \delta \tag{4-24}$$

当然,也可以不预先计算试点的数目 n,而在计算过程中逐次加以判断,看是否已满足了提出的精度要求。

0.618 法是一种等速对称进行试探的方法,每次的试点均取在区间长度的 0.618 倍和 0.382 倍处。

四、无约束极值问题的解法

本节研究无约束极值问题的解法，这种问题可表述为

$$\min f(\boldsymbol{X}),\quad \boldsymbol{X} \in E^n \tag{4-25}$$

前面曾指出，在求解上述问题时常使用迭代法，迭代法可大体分为两大类：一类要用到函数的一阶导数和(或)二阶导数，由于用到了函数的解析性质，故称为解析法；另一类在迭代过程中仅用到函数值，而不要求函数的解析性质，这类方法称为直接法。一般说来，直接法的收敛速度较慢，只是在变量较少时才适用。但是直接法的迭代步骤简单，特别是当目标函数的解析表达式十分复杂，甚至写不出具体表达式时，它们的导数很难求得，或者根本不存在，这时解析法就无能为力了。

本节仅介绍几种常用的基本方法，其中前 3 种属解析法，后面 1 种属直接法。

1. 梯度法(最速下降法)

在求解无约束极值问题的解析法中，梯度法是最为古老但又十分基本的一种数值方法。它的迭代过程简单，使用方便，而且又是理解某些其他最优化方法的基础，因此，先来说明这一方法。

(1) 梯度法的基本原理。假定无约束极值问题式(4-25)中的目标函数 $f(\boldsymbol{X})$ 有一阶连续偏导数，具有极小点 $\boldsymbol{X}^*$，$\boldsymbol{X}^k$ 表示极小点的第 k 次近似，为了求其第 $k+1$ 次近似点 $\boldsymbol{X}^{k+1}$，在 $\boldsymbol{X}^k$ 点沿方向 $\boldsymbol{P}^k$ 作射线

$$\boldsymbol{X} = \boldsymbol{X}^k + \lambda \boldsymbol{P}^k$$

现将 $f(\boldsymbol{X})$ 在 $\boldsymbol{X}^k$ 点处展开成泰勒级数，即

$$f(\boldsymbol{X}) = f(\boldsymbol{X}^k + \lambda \boldsymbol{P}^k) = f(\boldsymbol{X}^k) + \lambda \nabla f(\boldsymbol{X}^k)^{\mathrm{T}} \boldsymbol{P}^k + o(\lambda)$$

其中

$$\lim_{\lambda \to 0} \frac{o(\lambda)}{\lambda} = 0$$

对于充分小的 λ，只要

$$\nabla f(\boldsymbol{X}^k)^{\mathrm{T}} \boldsymbol{P}^k < 0 \tag{4-26}$$

即可保证 $f(\boldsymbol{X}^k + \lambda \boldsymbol{P}^k) < f(\boldsymbol{X}^k)$。这时若取

$$\boldsymbol{X}^{k+1} = \boldsymbol{X}^k + \lambda \boldsymbol{P}^k$$

就能使目标函数值得到改善。

现考察不同的方向 $\boldsymbol{P}^k$。假定 $\boldsymbol{P}^k$ 的模一定(且不为零)，并设 $\nabla f(\boldsymbol{X}^k) \neq 0$(否则，$\boldsymbol{X}^k$ 是平稳点)，使式(4-26)成立的 $\boldsymbol{P}^k$ 有无限多个，为了使目标函数值能得到尽量大的改善，必须寻求使 $\nabla f(\boldsymbol{X}^k)^{\mathrm{T}} \boldsymbol{P}^k$ 取最小值 $\boldsymbol{P}^k$，由线性代数学知道

$$\nabla f(\boldsymbol{X})^{k\mathrm{T}} \boldsymbol{P}^k = \| \nabla f(\boldsymbol{X}^k) \| \cdot \| \boldsymbol{P}^k \| \cos\theta \tag{4-27}$$

式中，θ 为向量 $\nabla f(\boldsymbol{X}^k)$ 与 $\boldsymbol{P}^k$ 的夹角。当 $\nabla f(\boldsymbol{X}^k)$ 与 $\boldsymbol{P}^k$ 相反时，$\theta = 180°$，$\cos\theta = -1$，这时式(4-26)成立，而且其左端取最小值。此时称方向

$$\boldsymbol{P}^k = -\nabla f(\boldsymbol{X}^k)$$

为负梯度方向，它是使函数值下降最快的方向(在 $\boldsymbol{X}^k$ 的某一小范围内)。

为了得到下一个近似极小点，在选定了搜索方向之后，还要确定步长 λ。当采用可接受点算法时，就是取某一 λ 进行试算，看是否满足不等式

$$f(\boldsymbol{X}^k-\lambda\nabla f(\boldsymbol{X}^k))<f(\boldsymbol{X}^k) \tag{4-28}$$

若式(4-28)成立,就可以迭代下去;否则,缩小 λ 使满足不等式(4-28),由于采用负梯度方向,满足式(4-28)的 λ 总是存在的。

(2)计算步骤。现将用梯度法解无约束极值问题的步骤简要总结如下:

1)给定初始近似点 $\boldsymbol{X}^0$ 及精度 $\varepsilon>0$,若 $\|\nabla f(\boldsymbol{X}^0)\|^2\leqslant\varepsilon$,则 $\boldsymbol{X}^0$ 即为近似极小点。

2)若 $\|\nabla f(\boldsymbol{X}^0)\|^2>\varepsilon$,求步长 λ_0,并计算

$$\boldsymbol{X}^1=\boldsymbol{X}^0-\lambda_0\nabla f(\boldsymbol{X}^0)$$

求步长可用一维搜索法、微分法或试算法,若求最佳步长,则应使用前两种方法。

3)一般地,若 $\|\nabla f(\boldsymbol{X}^0)\|^2<\varepsilon$,则 $\boldsymbol{X}^k$ 即为所求的近似解;若 $\|\nabla f(\boldsymbol{X}^0)\|^2>\varepsilon$,则求步长,并确定下一个近似点。

$$\boldsymbol{X}^{k+1}=\boldsymbol{X}^k-\lambda_k\nabla f(\boldsymbol{X}^k) \tag{4-29}$$

如此继续,直至达到要求的精度为止。

2. 共轭梯度法

设 $\boldsymbol{X}$ 和 $\boldsymbol{Y}$ 是 n 维欧氏空间 E^n 中的两个向量,若有

$$\boldsymbol{X}^{\mathrm{T}}\boldsymbol{Y}=\boldsymbol{0}$$

就称 $\boldsymbol{X}$ 和 $\boldsymbol{Y}$ 正交,再设 $\boldsymbol{A}$ 为 $n\times n$ 对称正定阵,如果 $\boldsymbol{X}$ 和 $\boldsymbol{AY}$ 正交,即有

$$\boldsymbol{X}^{\mathrm{T}}\boldsymbol{AY}=\boldsymbol{0} \tag{4-30}$$

则称 $\boldsymbol{X}$ 和 $\boldsymbol{Y}$ 关于 $\boldsymbol{A}$ 共轭,或 $\boldsymbol{X}$ 和 $\boldsymbol{Y}$ 为 $\boldsymbol{A}$ 共轭($\boldsymbol{A}$ 正交)。

一般地,设 $\boldsymbol{A}$ 为 $n\times n$ 对称正定阵,若非零向量组 $\boldsymbol{P}^1,\boldsymbol{P}^2,\cdots,\boldsymbol{P}^n\in E^n$ 满足条件

$$(\boldsymbol{P}^i)^{\mathrm{T}}\boldsymbol{AP}^j=\boldsymbol{0}\quad(i\neq j;i,j=1,2,\cdots,n) \tag{4-31}$$

则称该向量组为 $\boldsymbol{A}$ 共轭。如果 $\boldsymbol{A}=\boldsymbol{I}$(单位阵),则上述条件即为通常的正交条件,因此,$\boldsymbol{A}$ 共轭概念实际上是通常正交概念的推广。

定理 7-3 设 $\boldsymbol{A}$ 为 $n\times n$ 对称正定阵,$\boldsymbol{P}^1,\boldsymbol{P}^2,\cdots,\boldsymbol{P}^n$ 为 $\boldsymbol{A}$ 共轭的非零向量,则这一组向量线性独立。

无约束极值问题的一个特殊情形为

$$\min f(\boldsymbol{X})=\frac{1}{2}\boldsymbol{X}^{\mathrm{T}}\boldsymbol{AX}+\boldsymbol{B}^{\mathrm{T}}\boldsymbol{X}+c \tag{4-32}$$

式中,$\boldsymbol{A}$ 为 $n\times n$ 对称正定阵;$\boldsymbol{X},\boldsymbol{B}\in E^n$;$c$ 为常数。问题式(4-32)称为正定二次函数极小问题,它在整个最优化问题中起着极其重要的作用。

定理 7-4 设向量 $\boldsymbol{P}^i,i=0,1,2,\cdots,n-1$ 为 $\boldsymbol{A}$ 共轭,则从任一点 $\boldsymbol{X}^0$ 出发,相继以 $\boldsymbol{P}^0,\boldsymbol{P}^1,\cdots,\boldsymbol{P}^{n-1}$ 为搜索方向的下述算法:

$$\begin{cases}\min\limits_{\lambda}f(\boldsymbol{X}^k+\lambda\boldsymbol{P}^k)=f(\boldsymbol{X}^k+\lambda_k\boldsymbol{P}^k)\\ \boldsymbol{X}^{k+1}=\boldsymbol{X}^k+\lambda_k\boldsymbol{P}^k\end{cases}$$

经 n 次一维搜索收敛于问题式(4-32)问题的极小点 $\boldsymbol{X}^*$。

应当指出,对于二次函数的情形,从理论上说,进行 n 次迭代即可达到极小点,但是,在实际计算中,由于数据的舍入以及计算误差的积累,往往做不到这一点。此外,由于 n 维问题的共轨方向最多只有 n 个,在 n 步以后继续如上进行是没有意义的。因此,实际应用时,如迭代

到 n 步还不收敛，就将 $\boldsymbol{X}^n$ 作为新的初始近似，重新开始迭代，根据实际经验，采用初始的办法，一般都可得到较好的效果。

第二节　导弹作战目标选择问题

导弹作战目标选择要解决的问题是，根据作战意图和可使用的武器性能及武器数量，以某种指标为目标函数，利用定型综合分析和定量优化计算，从交战对方所有目标中选择出若干目标作为打击对象，并确定相应的弹型和弹量。

目标选择往往是对于一类目标或一个目标系统来说的，也就是说，所选择的目标属于一种目标类型或者是一个目标系统。目标类型或目标系统通常分为群落型、塔型和网络型 3 种类型，类型不同，其目标选择方法也就不同。

比如网络型目标选择模型的建立，应在深入分析目标系统的基本组成及其内部关系的基础上，画出结构网络图，如流向图、因果关系图、系统动态流图等。一般先建立目标系统网络型结果目标模型，然后再利用优化方法进行目标选择，如交通目标系统。

塔型目标选择模型的建立应在深入分析目标系统的基本组成及其内部关系的基础上，构造塔型结构，如层次划分、层次之间的因果关系等。建立目标系统塔型结构目标模型，然后再利用优化方法进行目标选择，如指挥控制目标系统。

对应群落型目标系统来说，各目标之间的功能是独立的，性质基本相同，因此，对于这类目标，按某一指标或某些指标可定量测度，也就是说，每个目标的能力或在该目标系统中的重要性可以进行定量比较，即可以进行权数计算。因此，群落型目标选择问题就相当于资源分配问题。

由以上可知，塔型和网络型目标选择必须根据实际情况进行具体分析，而群落型目标选择可以建立标准的规划模型，因此，本文只针对群落型目标选择问题进行讨论。

一、目标选择的非线性规划模型

1. 基本假定

假定：m 表示该类目标的个数；n 表示此次作者可发射的弹量；β 表示该类目标的攻击要求；x_i 表示对该类目标中的第 i 个目标攻击的成爆弹量；β_i 表示该类目标中的第 i 个目标相对于该类目标的重要性，且有

$$\sum_{i=1}^{m}\beta_i=1 \qquad (4-33)$$

2. 目标选择模型的目标函数

目标选择的目的是追求作战的费效比最小，也就是说，在完成给定的作战任务前提下，追求发射弹量最小。在上面假定前提下，目标选择模型被制订成一个非线性规划，其目标函数为

$$\min\sum_{i=1}^{m}x_i/\gamma_i \qquad (4-34)$$

3. 目标选择模型的约束条件

在上面假定前提下，目标选择模型非线性规划的约束条件为

(1) 完成作战任务的限制：

$$\sum_{i=1}^{m}\beta_i\beta_{x_i} \geqslant \beta \tag{4-35}$$

(2) 弹量的限制：

$$\sum_{i=1}^{m}x_i/\gamma_i < N \tag{4-36}$$

(3) 指定攻击或不能攻击目标的限制：如果该类目标中的第 i_0 个目标为指定攻击的目标，则有

$$x_{i_1} \neq 0 \tag{4-37}$$

如果该类目标中的第 i_2 个目标为不能攻击的目标，则有

$$x_{i_2} = 0 \tag{4-38}$$

(4) 目标选择规划模型

$$\left.\begin{aligned} &\min\sum_{i=1}^{m}x_i/\gamma_i \\ \text{s.t.}\ &\sum_{i=1}^{m}\beta_i\beta_{x_i} \geqslant \beta \\ &\sum_{i=1}^{m}x_i/\gamma_i < N \end{aligned}\right\} \tag{4-39}$$

其中，$x_{i_1} \neq 0$（第 i_1 个目标为指定攻击）；$x_{i_2} = 0$（第 i_2 个目标为不能攻击）；$x_i \geqslant 0$。

由于 β_{x_i} 通常是 x_i 的非线性函数，因此，目标选择问题是一个非线性优化问题；同时，由于供选择的目标可能较多，这导致了目标组合数很大，无法通过遍历的途径实现全局寻优；而且，式(4-39)的目标选择模型是对于一种弹型建立的，对应多种类型的导弹，目标选择问题就更复杂。

二、目标选择模型解法

由于 β_{x_i} 不能准确地写成 x_i 的解析式，因此，很难找出搜索方向，也就不能使用迭代法，在此构造一种新的方法 —— 广义差动法。

1. *广义差动法的基本思路*

首先给出一个配置方案的毁伤效果计算方法：假设 β 表示对该配置方案的毁伤效果；m 表示目标个数；n 表示总弹量；n_i 表示第 i 个目标所需发射弹量；n_i^0 表示该配置方案中的第 i 个目标的分配弹量；β_i 表示第 i 个目标的重要性系数，且有

$$\sum_{i=1}^{m}\beta_i = 1 \tag{4-40}$$

当 β_{in_j} 表示对第 i 个目标成爆 n_j 枚导弹时，目标功能下降量为

$$\beta = \sum_{i=1}^{m}(\beta_i\beta_{in_j}) \tag{4-41}$$

定理 4-3 可能攻击的目标为 m 个，使用 n 枚导弹的最优方案为$(n_1, n_2, \cdots, n_m)$，其中 $n_1 + n_2 + \cdots + n_m = n$，那么当发射 $n+1$ 枚导弹时，对于在 $0,1,2,\cdots,n$ 枚导弹的 $n+1$ 个最优方案中，存在第 i 个最优方案$(n_1^i, n_2^i, \cdots, n_m^i)$，使得该方案存在第 i 个目标，最终使得方案$(n_1^i, n_2^i, \cdots, n_{j-1}^i + (n-i+1), \cdots, n_m^i)$为使用 $n+1$ 枚导弹时的最优方案。

证明 假设使用 $n+1$ 枚导弹的最优方案为$(n_1, n_2, \cdots, n_m)$。那么，存在 i，使得 $n_i > 0$，因

此 n_i 值只能是 $n+1, n, \cdots, 2, 1$。

当 $n_i = n+1$ 时，则该方案就是在使用 0 枚导弹的最优方案基础上，存在 $i(n_i^0 = 0)$，使 $n_i = n_i^0 + (n+1)$，因此定理成立。

当 $n_i = n$ 时，只需证明方案 $(n_1, n_2, \cdots, n_{n-1}, 0, n_{i+1}, \cdots, n_m)$ 为使用 1 枚导弹时的最优方案。

假设方案 $(n_1, n_2, \cdots, n_{i-1}, 0, n_{i+1}, \cdots, n_m)$ 的毁伤效果为 $\sum_1$，而使用 1 枚导弹的最优方案的毁伤效果为 $\sum_2$。

因此，$\sum_2 > \sum_1$，则 $\sum_2 + \beta_{in} > \sum_1 + \beta_{in}$，也就是说 $(n_1, n_2, \cdots, n_m)$ 不是最优方案，与假设矛盾，因此，方案 $(n_1, n_2, \cdots, n_{i-1}, 0, n_{i+1}, \cdots, n_m)$ 为使用 1 枚导弹时的最优方案。

当 $n_i = k(0 < k < n)$ 时，只需证明方案 $(n_1, n_2, \cdots, n_{i-1}, 0, n_{i+1}, \cdots, n_m)$ 为使用 $n+1-k$ 枚导弹的最优方案，并且其毁伤效果为 $\sum_2$。

因此，$\sum_2 > \sum_1$，则 $\sum_2 + \beta_{ik} > \sum_1 + \beta_{ik}$，也就是说 $(n_1, n_2, \cdots, n_m)$ 不是最优方案，与假设矛盾，因此方案 $(n_1, n_2, \cdots, n_{i-1}, 0, n_{i+1}, \cdots, n_m)$ 为使用 1 枚导弹时的最优方案。

由此定理得到证明。

定理所给出的确定最优方案的方法就叫广义差动法。广义差动法的实质就是，在弹量为 n_0 和攻击的目标为 m 个的最优火力分配方案基础上，增加一枚导弹，进行火力分配，找出最优的火力分配方案。这样继续下去，直至将 n 枚导弹分配完毕，使得毁伤效果达到最大为止。

2. 广义差动法的方法步骤

根据广义差动法思路，从使用第 1 枚导弹开始，逐步地寻找最优方案，对大型导弹的火力分配来说，该方法是可用的。因为对于任意一个目标，增加 1 枚导弹就有明显的毁伤效果，并且这种效果可用解析式表达，因此，可以逐步下去。但对导弹来说，这种简单的递推是不行的，因此，对目标增加 1 枚导弹往往起不了多大作用。而且对一个目标来说，不达到一定的导弹数量，该目标的毁伤效果几乎为零。比如对于一座建筑物，发射 1 ~ 2 枚导弹的破坏概率很可能一样，或者相差很小。因此，只从 n 枚导弹的最优火力分配方案的基础上增加 1 枚导弹，得到 $n+1$ 枚导弹的最优配置方案是不准确的。

下面给出广义差动法的方法步骤：

(1) 找到一个基本弹数。对于每一次作战行动和每一类要打击的目标来说，对目标的毁伤程度有其最低要求，小于这个要求，对目标的打击意义就不大，或者对战役目的起不到作用，因此，对每个目标有其最小毁伤要求，对应的有其最小发射弹数。设每个目标的最小发射弹数为 $(n_1, n_2, \cdots, n_n)$，找出一个目标，使其发射弹数最小为 n_0。n_0 就是要找的基本弹数，发射 n_0 枚导弹的最优方案为 $(0, 0, \cdots, n_0, 0, \cdots, 0)$。

(2) 在 n_0 的基础上增加 1 枚导弹。即发射 $n_0 + 1$ 枚导弹，首先，对于一个目标，计算 $n_0 + 1$ 枚导弹攻击目标的毁伤效果，找出其中最大值 $\sum_1$，并记下对应的火力分配方案；其次，在(1)的基础上，对一个目标增加 1 枚导弹，计算其毁伤效果，取其中最大值 $\sum_2$，并记下对应的方案；比较 $\sum_1$ 和 $\sum_2$ 取两者最大者，它所对应的方案为发射 $n_0 + 1$ 枚导弹的最优方案。

(3) 在 n_0 的基础上增加 2 枚导弹，即发射 $n_0 + 2$ 枚导弹，分 3 种情况。第一种情况在 $n_0 + 1$ 枚导弹最优方案的基础上，计算增加 1 枚导弹时的最优方案，根据第(2) 步找到最优方案，且毁伤效果为$\sum_1$；第二种情况，在(1) 的基础上，对一个目标增加 2 枚导弹，计算其毁伤效果，找出其中最大值为$\sum_2$，并记下对应的方案；第三种情况，对一个目标发射 n_0+2 枚导弹，计算其毁伤效果，找出其中最大值为$\sum_3$ 并记下对应的方案。比较$\sum_1$，$\sum_2$ 和$\sum_3$，取其中最大的，其所对应的方案为最优方案。

(4) 在 n_0 的基础上增加 n 枚导弹。这里又分为如下步骤：

第一步，在发射 $n_0+(n-1)$ 枚导弹最优火力分配方案的基础上，增加 1 枚导弹，按(2) 获得最优方案(n_1^{n1}，n_2^{n1}，…，n_m^{n1})，并记下毁伤效果$\sum_1$。

第二步，在发射 $n_0+(n-2)$ 枚导弹最优火力分配方案的基础上，增加 2 枚导弹，按(3) 获得最优方案(n_1^{n2}，n_2^{n2}，…，n_m^{n2})，并记下毁伤效果$\sum_2$。

第 n 步，在(1) 的基础上，对一个目标增加 n 枚导弹，计算每次目标毁伤效果，取其中最大的毁伤效果值$\sum_{n+1}$。

第 $n+1$ 步，对一个目标发射 n_0+n 枚导弹，计算每次目标毁伤效果，取其中最大的毁伤效果值$\sum_n$ 并记下对应的方案。

比较$\sum_1$，$\sum_2$，…，$\sum_{n+1}$ 取其中最大者，它所对应的方案即为发射 n_0+n 枚导弹的最优火力分配方案。

3. 目标选择方法步骤

从广义差动法可知，广义差动法解决的是如何将一定弹量分配给每个目标，因此属于火力分配；而攻击目标选择是在满足任务要求的前提下，确定攻击目标，追求最小耗弹量。因此这两个问题是互逆的。

目标选择的方法步骤如下：

(1) 初始耗弹量估计。根据经验，估计完成此次任务所需耗弹量，假设为 N_0。

(2) 利用广义差动法，将弹量 N_0 进行火力分配，得到每个目标的分配弹量。将分配弹量不为零的目标作为攻击目标，则得到初始选择方案。

(3) 计算方案的毁伤效果。根据所选择的方案，按上面的计算公式，计算该类目标的毁伤效果，记为 β_0。

(4) 当 $\beta_0 \geqslant \beta$ 时，将弹量下降 1 枚，即 N_0-1，重复步骤(2) 和(3)，得到新的方案和 β_0。当 $\beta_0 < \beta$ 时，弹量为 N_0 所对应的方案就是最终的攻击目标选择方案。如果 $\beta_0 \geqslant \beta$，则重复以上工作，直至 $\beta_0 < \beta$ 为止。

(5) 当 $\beta_0 < \beta$ 时，将弹量增加 1 枚，即 N_0+1，重复步骤(2) 和(3)，得到新的方案和 β_0。当 $\beta_0 \geqslant \beta$ 时，则弹量为 N_0 所对应的方案就是最终的攻击目标选择方案。如果 $\beta_0 < \beta$，则重复以上工作，直至 $\beta_0 \geqslant \beta$ 为止。

第三节　瞄准点选择问题

一、瞄准点选择问题模型

地地导弹攻击目标的瞄准点是导弹射向目标的一系列点位，最佳瞄准点选择是指在满足约束条件下，耗弹量最少，对目标毁伤效果最好，最有利实现作战意图的瞄准点选择决策。

对相依目标群进行射击时，其瞄准点选择就是一个非线性规划问题。相依目标群一般是由多个点目标、线目标和面目标组成的，当选择瞄准点时，一般先作归一化处理，对线目标和面目标取其要害部位归化为若干个点目标，这样相依目标群就相当于 m 个相依的点目标组成的相依点目标系。本节针对两个相依点目标，在对其毁伤概率计算的基础上，选择合适的瞄准点。

1. 相依点目标

对于两个点目标，有如表 4-2 所示的几种情况。

表　4-2

瞄准点情况	条件	相依情况
瞄准其中一个目标	$s \leqslant 3\mathrm{CEP} + R_1 + R_2$	相依
瞄准两目标中间	$s \leqslant 6\mathrm{CEP} + R_1 + R_2$	相依
任意位置	$s \leqslant R_1 + R_2$	强相依

其中，s 为两点目标之间的距离；CEP 为导弹命中精度指标；R_1 为导弹对目标 1 的毁伤半径；R_2 为导弹对目标 2 的毁伤半径。

2. 0-1 毁伤律

将导弹能否毁伤目标看成落点至目标点之间的距离 r 的函数，当落点距目标的距离 r 小于等于某给定值 R 时，目标必然被毁；当落点距目标的距离 r 大于 R 时，目标肯定不能被毁伤。即

$$\mathrm{d}r = \mathrm{d}(x, z) = \begin{cases} 0 & r > R \\ 1 & r \leqslant R \end{cases}$$

式中，$r = \sqrt{x^2 + z^2}$。

这种情况下的毁伤律为 0-1 毁伤律。

3. 毁伤概率计算

导弹对点目标的 0-1 毁伤问题可用圆覆盖函数计算，圆覆盖函数为

$$P(R, r_0) = \frac{\rho^2}{\pi} \iint_D \mathrm{e}^{-(x^2+z^2)/2} \mathrm{d}x\mathrm{d}y$$

式中　R—— 毁伤半径，单位为 CEP；

r—— 瞄准点至目标点的距离，单位为 CEP；

D—— 以瞄准点为中心，以 R 为半径的圆域；

ρ—— 常数。

该式的计算可将其展开成级数，利用数值方法计算。

二、一维搜索方法

两相依点目标瞄准点选择问题是一种典型的非线性规划问题，也是一种无约束最优化问题，一般采用迭代的方法。先选择一个初始点，再寻找该点处的下降方向(Descent Direction)，称为搜索方向(Search Direction)，然后求该方向上的极小点，得到一个新的点，该

方法称为一维搜索(Line Search)。这个新点要优于原来的点,即新点处的目标函数值小于原来点处的目标函数值。然后在新点处再寻找下降方向并在该方向上求极小点,依此类推,最终得到最优点。

经典的一维搜索方法有 0.618 法和牛顿法,由于牛顿法需要求解函数的导数,因此无法适用于本例。

0.618 法又称为黄金分割法(Golden Section Method),是最常用的一维搜索方法,由于它对函数的要求不高,因此可广泛应用,早期的优先法就采用 0.618 法。

0.618 法只需要函数在某一区间内是单谷函数(Unimodal Function)。顾名思义,单谷函数即函数在区间上只有一个谷,如图 4-4(a) 所示。但在实际中,并不能保证所求极小的函数在指定区间内是单谷函数,如图 4-4(b) 所示的就是多谷函数,这就需要确定出函数的单谷区间,如[a,b'] 或[a',b]。

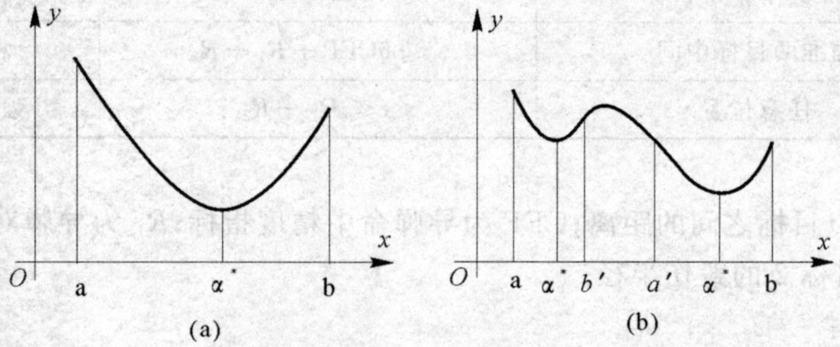

图 4-4

下面介绍 0.618 法。0.618 是一元二次方程的根 $\tau=\frac{\sqrt{5}-1}{2}$ 的近似值。

$$\tau^2+\tau-1=0$$

0.618 法的基本思想是先在搜索区间[a,b] 上确定两个试探点:

左试探点为

$$\alpha_1=a+(1-\tau)(b-a)$$

右试探点为

$$\alpha_r=a+\tau(b-a)$$

再分别计算这两个试探点的函数值 $\phi_1=\phi(\alpha_1)$,$\phi_r=\phi(\alpha_r)$。由单谷函数的性质可知,若 $\phi_1<\phi_r$,则区间[α_r,b] 内不可能有极小点,因此,去掉区间[α_r,b],令 $a'=a$,$b'=\alpha_r$,得到一个新的搜索区间。若 $\phi_1>\phi_r$,则区间[a,α_1] 内不可能有极小点,去掉区间[a,α_1],令 $a'=\alpha_1$,$b'=b$,得到一个新的搜索区间。

类似上面的步骤,在区间[a',b'] 内再计算两个新的试探点:

$$\alpha_1'=a'+(1-\tau)(b'-a')$$
$$\alpha_r'=a'+\tau(b'-a')$$

再比较函数值,并确定新的区间,依此类推。

(1) 置初始搜索区间[a,b],并置精度要求 ε,计算左、右试探点:

$$\alpha_1=a+(1-\tau)(b-a),\quad \alpha_r=a+\tau(b-a)$$

式中,$\tau=\frac{\sqrt{5}-1}{2}$。计算相应的函数值 $\phi_1=\phi(\alpha_1)$,$\phi_r=\phi(\alpha_r)$。

(2) 如果 $\phi_l < \phi_r$，则置 $b = \alpha_r, \alpha_r = \alpha_l, \phi_r = \phi_l$，并计算

$$\alpha_r = a + (1-\tau)(b-a), \quad \phi_l = \phi(\alpha_l)$$

否则置 $a = \alpha_l, \alpha_l = \alpha_r, \phi_l = \phi_r$，并计算

$$\alpha_r = a + \tau(b-a), \quad \phi_r = \phi(\alpha_r)$$

(3) 若 $|b-a| \leqslant \varepsilon$，则置 $\mu = \dfrac{a+b}{2}$，停止计算（μ 作为问题的解）；否则转(2) 再继续。

三、模型求解实例

假设点目标坐标 $T_1(-100,0)$ 和 $T_2(100,0)$，导弹精度指标 CEP=100 m，导弹对 T_1 的毁伤半径 $R_1 = 80$ m，导弹对 T_2 的毁伤半径 $R_2 = 60$ m，两点目标的价值 $w_1 = 0.4$ 和 $w_2 = 0.6$，给出最优瞄准点位置。

通过 0.618 法计算，可得瞄准点优化结果（见表 4-3）。

表 4-3　瞄准点优化结果表

	精度要求	迭代次数	结果
1	0.1	16	−66.7
2	0.001	26	−66.708
3	0.000 001	40	−66.707 983

第五章　动态规划方法原理及应用

第一节　动态规划基本原理

动态规划(Dynamic Programming)是运筹学的一个分支。它是解决多阶段决策过程最优化的一种数学方法。1951 年,美国数学家贝尔曼(R. Bellman)等人提出了解决多阶段决策问题的“最优性原理”,创建了规划的方法。1957 年出版的《动态规划》是动态规划的第一本著作。

动态规划的方法可以用于解决最优路径问题、资源分配问题、生产调度问题、库存问题、装载问题、设备更新问题、生产过程最优控制问题等。对于离散性的问题,动态规划更显出它的作用。但动态规划只是求解某类问题的一种方法,是考查问题的一种途径,而不是一种特殊算法(如线性规划是一种算法),它处理问题时必须具体问题具体分析,因此在掌握基本概念和方法的基础上,必须以丰富的想象力去建立模型,用创造性的技巧去求解。

动态规划模型可根据多阶段决策过程的时间参量是离散的还是连续的变量,分为离散决策过程和连续决策过程;根据决策过程的演变是确定性的还是随机性的,分为确定性决策过程和随机性决策过程。本部分将主要介绍离散决策过程。

一、多阶段决策过程及实例

在生产和科学实验中,有一类活动的过程,由于它的特殊性,可将过程分为若干个互相联系的阶段,在它的每一个阶段都需要作出决策,从而使整个过程达到最好的活动效果。因此,各个阶段决策的选取不是任意确定的,它依赖于当前面临的状态,又影响以后的发展。在各个阶段决策确定后,就组成了一个决策序列,因而也就决定了整个过程的一条活动路线(见图 5-1)。这种把一个问题可看做是一个前后关联具有链状结构的多阶段过程就称为多阶段决策过程,也称序贯决策过程,这类问题称为多阶段决策问题。

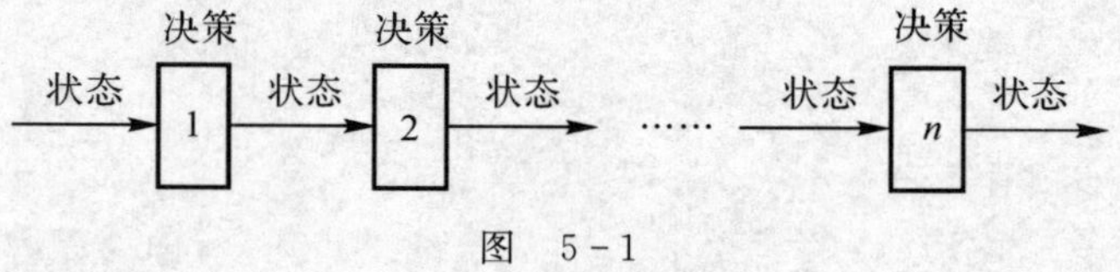

图　5-1

在多阶段决策中,各阶段采取的决策一般是与时间有关的,决策依赖于当前的状态,又引起状态的转移。

一些与时间没有关系的静态规划(如线性规划、非线性规划等)问题,可以人为地引入“时间”因素,变成多阶段决策问题,用动态规划方法求解。

例 5-1　最短路线问题。

如图 5-2 所示，给定一个线路网络，两点之间连线上的数字表示两点的距离(或费用)，试求一条由 A 到 G 的铺管线路，使总距离最短(或总费用最小)。

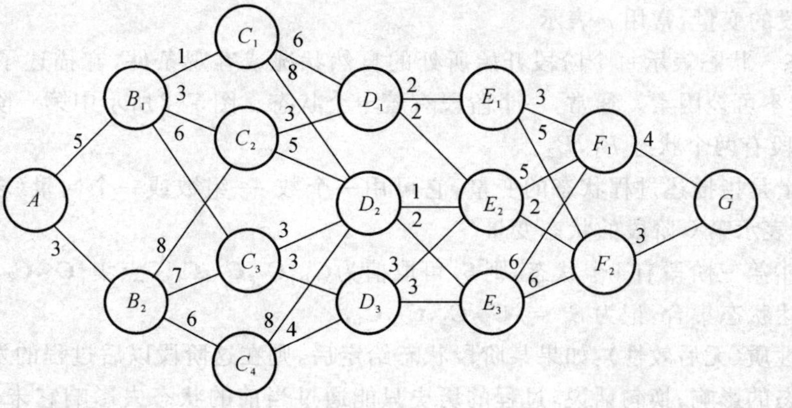

图　5-2

例 5-2　机器负荷分配问题。

某种机器可以在高、低两种不同的负荷下进行生产。当在高负荷下进行生产时，产品的年产量 g 和投入生产的机器数量 u_1 的关系为

$$g = g(u_1)$$

这时，机器的年完好率为 a，即如果年初完好机器的数量为 u，到年终时完好的机器就为 au，$0 < a < 1$。当在低负荷下生产时，产品的年产量 h 和投入生产的机器数量 u_2 的关系为

$$h = h(u_2)$$

相应的机器年完好率为 b，$0 < b < 1$。

假定开始生产时完好的机器数量为 s_1。要求制定一个五年计划，在每年开始时，决定如何重新分配完好的机器在两种不同的负荷下生产，使在五年内产品的总产量达到最高。

还有，如各种资源(人力、物力)分配问题、生产-存储问题、最优装载问题、水库优化调度问题、最优控制问题等等，都是具有多阶段决策问题的特性，均可用动态规划方法去求解。

二、动态规划基本概念

如图5-2所示，这是动态规划中较为直观的典型例子。现通过讨论它的解法，来说明动态规划的基本思想、基本概念。

从图 5-2 可知，从点 A 到点 G 可分为 6 个阶段，第一阶段 A 为起点，终点有 B_1，B_2 两个。若选择走 B_2 的决策，则 B_2 就是第一阶段决策下的结果。接着在第二阶段，以 B_2 为起点可做出新的决策，得到决策的结果。这样，各阶段的决策不同，铺管路线就不同。当某阶段的起点给定时，它直接影响着后面各阶段的行进路线和整个路线的长短，而后面各阶段的路线的发展不受这点以前各阶段路线的影响(也即怎么到这个起点来的不影响后面的路线)。问题就变成，在各阶段选择合适的决策，使总路线长度最短。

解决这个问题，可以采取穷举法。由 A 到 G 所有可能的路线共有 $2 \times 3 \times 2 \times 2 \times 2 \times 1 =$ 48 条。比较这些路线，得最短路线为 $A \to B_1 \to C_2 \to D_1 \to E_2 \to F_2 \to G$。这样的算法计算量是相当大的，特别是当可能的路线非常多时，几乎是不可能的。因此必须寻求一种更好的解法。

(1) 阶段。把所给问题的过程,恰当地分为若干个相互联系的阶段,以便能按一定的次序去求解。该阶段的划分一般依据时间、空间的特征来进行。

描述阶段的变量,常用 k 表示。

(2) 状态。状态表示每个阶段开始所处的自然状况或客观条件,它描述了研究问题过程的状况,又称不可控因素。通常,一个阶段有若干个状态。图5-2所示中第一阶段有一个状态 A;第二个阶段有两个状态 B_1,B_2。

状态变量是指描述过程状态的变量,它可用一个数、一组数或一个向量(多维情形)来描述。常用 $\boldsymbol{S}_k$ 表示第 k 阶段的状态变量。

例5-1中第三阶段有4个状态,则 $\boldsymbol{S}_k$ 可取值为 $\boldsymbol{C}_1,\boldsymbol{C}_2,\boldsymbol{C}_3,\boldsymbol{C}_4$。点集 $\{\boldsymbol{C}_1,\boldsymbol{C}_2,\boldsymbol{C}_3,\boldsymbol{C}_4\}$ 称为第三阶段的可达状态集合,记为 $\boldsymbol{S}_3=\{\boldsymbol{C}_1,\boldsymbol{C}_2,\boldsymbol{C}_3,\boldsymbol{C}_4\}$。

状态的性质(无后效性):如果某阶段状态给定后,则在这阶段以后过程的发展不受这阶段以前各段状态的影响;换句话说,过程的历史只能通过当前的状态去影响它未来的发展,当前的状态是以往历史的一个总结,称这个性质为无后效性(即马尔科夫性)。

如果状态仅仅描述过程的特征,则并不是任何过程都能满足无后效性。当构造决策过程的动态规划模型时,不能仅由描述过程的具体特征这点着眼去规定状态变量。例如,研究物体(看成一个质点)受外力作用后,其空间运动的轨迹问题,从描述轨迹这点着眼,可以只选坐标位置 (x,y,z) 作为过程的状态,但这样不满足无后效性,因为即使知道了外力的大小和方向,仍无法确定物体受力后的运动方向和轨迹。只有把位置 (x,y,z) 和速度 (v_x,v_y,v_z) 都作为过程的状态变量,才能确定物体下一步运动的方向和轨迹。

(3) 决策。当过程处于某一阶段的某个状态时,可以作出不同的决定(或选择),从而确定下一阶段的状态,这种决定称为决策,在最优控制中也称为控制。

决策变量可用一个数、一组数或一个向量来描述,常用 $v_k(s_k)$ 表示第 k 阶段当状态处于 s_k 时的决策变量。决策变量是状态变量的函数。

允许决策集合。在实际问题中,决策变量的取值往往限制在某一范围之内,此范围称为允许决策集合。常用 $D_k(s_k)$ 表示第 k 阶段从状态 s_k 出发的允许决策集合,显然有 $u_k(s_k)\in D_k(s_k)$。

(4) 策略。策略是一个按顺序排列的决策组成的集合。

k 子过程(后部子过程)。k 子过程是指由过程的第 k 阶段开始到终止状态为止的过程。

k 子过程策略。由每段的决策按顺序排列组成的决策函数序列 $\{u_k(s_k),\cdots,u_n(s_n)\}$,简称子策略,记作 $p_{k,n}(s_k)$,即

$$p_{k,n}(s_k)=\{u_1(s_1),u_2(s_2),\cdots,u_n(s_n)\}$$

当 $k=1$ 时,此决策函数序列称为全过程的一个策略,简称策略,记作 $p_{1,n}(s_1)$。即

$$p_{1,n}(s_1)=\{u_1(s_1),u_2(s_2),\cdots,u_n(s_n)\}$$

允许策略集合。在实际问题中,可供选择的策略的范围称为允许策略集合,用 P 表示。

最优策略。从允许策略集合中找出达到最优效果的策略称为最优策略。

(5) 状态转移方程。状态转移方程是确定过程由一个状态到另一个状态的演变。若给定第 k 阶段状态变量 s_k 的值,如果该段的决策变量 u_k 一经确定,第 $k+1$ 阶段的状态变量 s_{k+1} 的值也就完全确定了。即 s_{k+1} 的值随 s_k 和 u_k 的值的变化而变化。这种确定的对应关系,记作 $s_{k+1}=T_k(s_k,u_k)$。它描述了由 k 阶段到 $k+1$ 阶段的状态转移规律,称为状态转移方程。T_k 称

为状态转移函数。

(6) 指标函数和最优值函数。

1) 指标函数。指标函数是用来衡量所实现过程优劣的一种数量指标,称为指标函数。它是定义在全过程和所有后部子过程上确定的数量函数。常用 $V_{k,n}$ 表示,即 $V_{k,n}=V_{k,n}(s_k,u_k,s_{k+1},\cdots,s_{n+1})$,$k=1,2,\cdots,n$,构成动态规划模型的指标函数的可分离性,并满足递推关系。即 $V_{k,n}$ 可以表示 s_k 为 u_k,$V_{k+1,n}$ 的函数,记作

$$V_{k,n}(s_k,u_k,s_{k+1},\cdots,s_{n+1})=\psi_k[s_k,u_k,V_{k+1,n}(s_{k+1},\cdots,s_{n+1})]$$

常见指标函数的形式如下:

a. 过程和它的任一子过程的指标是它所包含的各阶段的指标的和,即

$$V_{k,n}(s_k,u_k,s_{k+1},\cdots,s_{n+1})=\sum_{j=k}^{n}v_j(s_j,u_j)$$

其中 $v_j(s_j,u_j)$ 表示第 j 阶段的阶段指标。上式可写成:

$$V_{k,n}(s_k,u_k,\cdots,s_{n+1})=v_k(s_k,u_k)+V_{k+1,n}(s_{k+1},u_{k+1},\cdots,s_{n+1})$$

b. 过程和它的任一过程的指标是它所包含的各阶段的指标的乘积,即

$$V_{k,n}(s_k,u_k,s_{k+1},\cdots,s_{n+1})=\prod_{j=k}^{n}v_j(s_j,u_j)$$

这时可以写成

$$V_{k,n}(s_k,u_k,\cdots,s_{n+1})=v_k(s_k,u_k)V_{k+1,n}(s_{k+1},u_{k+1},\cdots,s_{n+1})$$

2) 最优值函数。指标函数的最优值称为最优值函数,记作 $f_k(s_k)$,表示从第 k 阶段的状态开始到第 n 阶段的终止状态的过程,采取最优策略所得到的指标函数值。即

$$f_k(s_k)=\underset{\{u_k,\cdots,u_n\}}{\text{opt}}V_{k,n}(s_k,u_k,\cdots,s_{n+1})$$

式中,“opt”是最优化(optimization)的缩写。

不同的问题中,指标函数的含义是不同的,它可能是距离、利润、成本、产品产量或资源消耗等。如前面最短路问题,指标函数表示在第 k 阶段由点 s_k 至终点 G 的距离。用 $d_k(s_k,u_k)=v_k(s_k,u_k)$ 表示在第 k 阶段由点 s_k 到点 $s_{k+1}=u_k(s_k)$ 的距离。$f_k(s_k)$ 表示从第 k 阶段点 s_k 到终点 G 的最短距离。

三、动态规划基本方程

先结合解决最短路线问题介绍动态规划的基本思想。

1. 最短路线问题的特性

如果由起点 A 经过点 P 和点 H 而到达终点 G 是一条最短路线,则由点 P 出发经过点 H 到达终点 G 的这条子路线,对于从点 P 出发到达终点的所有可能选择的不同路线来说,必定也是最短路线。

例如,$A\to B_1\to C_2\to D_1\to E_2\to F_2\to G$ 为 A 到 G 的最短路线,则 $D_1\to E_2\to F_2\to G$ 应该是由 D_1 出发到点 G 的最短路线(容易由反证法证明之)。

根据这一特性,寻找最短路线的方法,就是从最后一段开始,用由后和向前逐步递推的方法,求出各点到点 G 的最短路线,最后求得由点 A 到点 G 的最短路线。因此,动态规划的方法是从终点逐段向始点方向寻找最短路线的一种方法,如图 5-3 所示。

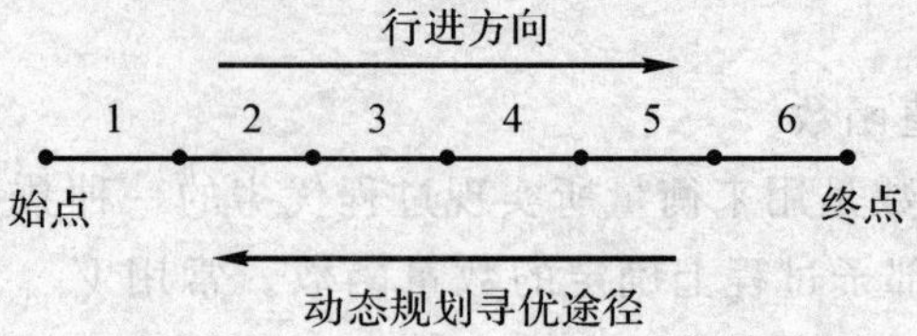

图 5-3

2. 基本方程

下面按照动态规划的方法，将例 5-1 从最后一段开始计算，由后向前逐步推移至点 A。

当 $k=6$ 时，由 F_1 到终点 G 只有一条路线，故 $f_6(F_2)=3$；同理，$f_6(F_1)=4$。

当 $k=5$ 时，出发点有 E_1,E_2,E_3 三个。若从 E_1 出发，则有两个选择，一是至 F_1，另一是至 F_2，则

$$f_5(E_1)=\min\begin{Bmatrix} d_5(E_1,F_1)+f_6(F_1) \\ d_5(E_1,F_2)+f_6(F_2) \end{Bmatrix}=\min\begin{Bmatrix} 3+4 \\ 5+3 \end{Bmatrix}=7$$

其相应的决策为 $u_5(E_1)=F_1$。这说明，由 E_1 至终点 G 的最短距离为 7，其最短路线是 $E_1\to F_1\to G$。

同理，从 E_2 和 E_3 出发，则有

$$f_5(E_2)=\min\begin{Bmatrix} d_5(E_2,F_1)+f_6(F_1) \\ d_5(E_2,F_2)+f_6(F_2) \end{Bmatrix}=\min\begin{Bmatrix} 5+4 \\ 2+3 \end{Bmatrix}=5$$

其相应的决策为 $u_5(E_2)=F_2$，即

$$f_5(E_3)=\min\begin{Bmatrix} d_5(E_3,F_1)+f_6(F_1) \\ d_5(E_3,F_2)+f_6(F_2) \end{Bmatrix}=\min\begin{Bmatrix} 6+4 \\ 6+3 \end{Bmatrix}=9$$

且 $u_5(E_3)=F_2$。

类似地，可算得

当 $k=4$ 时，有

$$f_4(D_1)=7,\quad u_4(D_1)=E_2$$
$$f_4(D_2)=6,\quad u_4(D_2)=E_2$$
$$f_4(D_3)=8,\quad u_4(D_3)=E_2$$

当 $k=3$ 时，有

$$f_3(C_1)=13,\quad u_3(C_1)=D_1$$
$$f_3(C_2)=10,\quad u_3(C_2)=D_1$$
$$f_3(C_3)=9,\quad u_3(C_3)=D_2$$
$$f_3(C_4)=12,\quad u_3(C_4)=D_3$$

当 $k=2$ 时，有

$$f_2(B_1)=13,\quad u_2(B_1)=C_2$$
$$f_2(B_2)=16,\quad u_2(B_2)=C_3$$

当 $k=1$ 时，出发点只有一个点 A，则

$$f_1(A)=\min\begin{Bmatrix} d_1(A,B_1)+f_2(B_1) \\ d_1(A,B_2)+f_2(B_2) \end{Bmatrix}=\min\begin{Bmatrix} 5+13 \\ 3+16 \end{Bmatrix}=18$$

且 $u_1(A)=B_1$。于是得到从起点 A 到终点 G 的最短距离为 18。

从举例中可以得出动态规划问题的基本方程为

$$\left.\begin{aligned}&f_k(s_k)=\underset{u_k\in D_k(s_k)}{\mathrm{opt}}\{v_k(s_k,u_k(s_k))+f_{k+1}(u_k(s_k))\}\\&k=n,n-1,\cdots,1\\&f_{n+1}(s_{n+1})=0(\text{边界条件})\end{aligned}\right\}\quad(5-1)$$

3.基本思想

(1) 动态规划方法的关键在于正确地写出基本的递推关系式和恰当的边界条件(基本方程)。

(2) 在多阶段决策过程中,动态规划方法是既把当前一段和未来各段分开,又把当前效益和总效益结合起来考虑的一种最优化方法。

(3) 求整个最优策略时,由于初始状态是已知的,而每段的决策都是该段状态的函数,故最优策略所经过的各段状态便可经逐次变换得到,从而确定了最优路线。

上述最短路线问题的计算过程,也可借助图形直观简明地表示出来,如图 5-4 所示。

标号法:在图上直接作业的方法。

逆序解法:以 A 为始端,G 为终端,从 G 到 A 的解法。

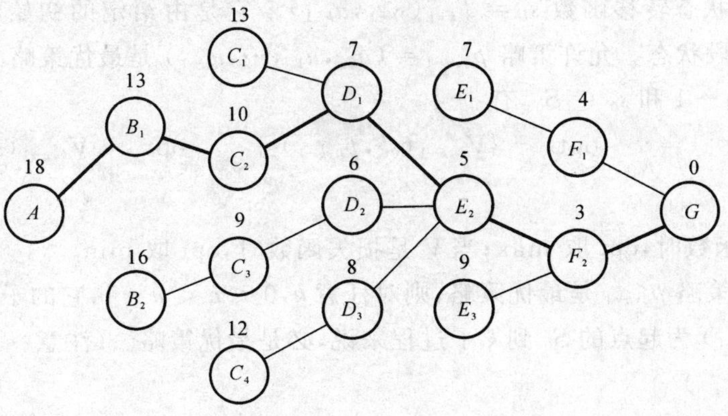

图　5-4

基本方程:

$$f_k(s_k)=\underset{u_k\in D_k(s_k)}{\mathrm{opt}}[v_k(s_k,u_k)+f_{k+1}(s_{k+1})],\quad k=n,n-1,\cdots,1$$

$$f_{n+1}(s_{n+1})=0(\text{边界条件})$$

动态规划的方法比穷举法有以下优点:

1) 减少了计算量。

2) 丰富了计算结果。

当给一个实际问题建立动态规划模型时,必须做到下面 5 点:

1) 将问题的过程划分成恰当的阶段。

2) 正确选择状态变量,使它既能描述过程的演变,又要满足无后效性。

3) 确定决策变量 u_k 及每阶段的允许决策集合。

4) 正确写出状态转移方程。

5) 正确写出指标函数 $V_{k+1,n}$ 的关系,它应满足下面 3 个性质:

a) 指标函数是定义在全过程和所有后部子过程上的数量函数;

b) 指标函数要具有可分离性，并满足递推关系：

$$V_{k,n}(s_k,k_k,\cdots,s_{k+1})=\psi_k[s_k,u_k,V_{k+1,n}(s_{k+1,n},u_{k+1},\cdots,s_{n+1})]$$

c) 函数 $\psi(s_k,u_k,V_{k+1,n})$ 对于变量 $V_{k,n}$ 要严格单调。

第二节　动态规划问题的求解方法

一、最优性原理和最优性定理

1. 动态规划的最优性原理

作为整个过程的最优策略具有这样的性质：无论过去的状态和决策如何，对前面的决策所形成的状态而言，余下的诸决策必须构成最优策略。简言之，一个最优策略的子策略总是最优的。

2. 动态规划的最优性定理

设阶段数为 n 的多阶段决策过程，其阶段编号为 $k=0,1,\cdots,n-1$。定义策略 $p_{0,n-1}=(p_{0,k-1},p_{k,n-1})$，和状态转移函数 $\tilde{s}_k=T_{k-1}(s_{k-1},u_{k-1})$。它是由给定的初始状态 S_0 和子策略 $p_{0,k-1}$ 所确定的 k 段状态。允许策略 $p_{0,n-1}^*=(u_0^*,u_1^*,\cdots,u_{n-1}^*)$ 是最优策略的充要条件是对任一个 $k,0<k<n-1$ 和 $s_0\in S_0$，有

$$V_{0,n-1}(s_0,p_{0,n-1}^*)=\underset{p_{0,k-1}\in p_{0,k-1}(s_0)}{\text{opt}}\{V_{0,k-1}(s_0,p_{0,k-1})+\underset{p_{0,n-1}\in p_{k,n-1}(s_k)}{\text{opt}}V_{k,n-1}(\tilde{s}_k,p_{k,n-1})\}\tag{5-2}$$

当 V 是效益函数时，opt 取 max；当 V 是损失函数时，opt 取 min。

推论：若允许策略 $p_{0,n-1}^*$ 是最优策略，则对任意 $k,0<k<n-1$，它的子策略 $p_{k,n-1}^*$ 对于以 $s_k^*=T_{k-1}(s_{k-1}^*,u_{k-1}^*)$ 为起点的 S_0 到 k 子过程来说，必是最优策略。（注意：k 段状态 s_k^* 是由 S_0 和 $p_{0,k-1}^*$ 所确定的。）

二、动态规划和静态规划的关系

动态规划、线性规划和非线性规划都是属于数学规划的范围，所研究的本质上都是一个求极值的问题。

线性规划和非线性规划所研究的问题通常与时间无关，故又称静态规划。

动态规划所研究的问题是与时间有关的，它是研究具有多阶段决策过程的一类问题，将问题的整体按时间或空间的特征而分成若干个前后衔接的时空阶段，把多阶段决策问题表示为前后关联的一系列单阶段决策问题，然后逐个加以解决。因此，对于某些静态规划的问题，可以人为地引入时间因素，用动态规划进行求解。

动态规划方法有逆序和顺序解法之分，其关键在于正确写出动态规划的递推关系式，一般地说，当初始状态给定时，用逆推比较方便；当终止状态给定时，用顺推比较简单。

考察如图 5-5 所示的 n 个阶段决策过程。

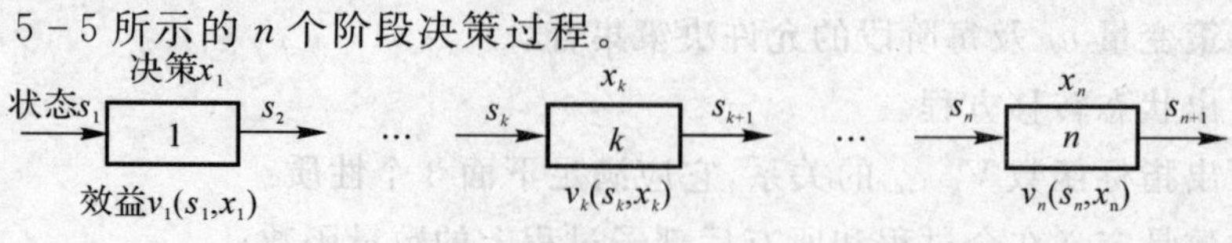

图　5-5

其中哪些是状态变量？哪些是决策变量？在第 k 阶段表示一个什么过程？

设状态转移函数为

$$s_{k+1}=T_k(s_k,x_k),\quad k=1,2,\cdots,n$$

假定过程的总效益(指标函数)与各阶段效益(阶段指标函数)的关系为

$$V_{1,n}=v_1(s_1,x_1)*v_2(s_2,x_2)*\cdots*v_n(s_n,x_n)$$

式中,记号 $*$ 可都表示为"+"或者都表示为"×"。

1. 逆推解法

设已知初始状态为 s_1,并假定最优值函数 $f_k(s_k)$ 表示第 k 阶段的初始状态为 s_k,从 k 阶段到 n 阶段所得到的最大效益。从第 n 阶段开始,则有

$$f_n(s_n)=\max_{x_n\in D_n(s_n)} v_n(s_n,x_n)$$

解此一维极值问题,就得到最优解 $x_n=x_n(s_n)$ 和最优值 $f_n(s_n)$。

在第 $n-1$ 阶段,有

$$f_{n-1}(s_{n-1})=\max_{x_{n-1}\in D_{n-1}(s_{n-1})}\left[v_{n-1}(s_{n-1},x_{n-1})*f_n(s_n)\right]$$

式中,$s_n=T_{n-1}(s_{n-1},x_{n-1})$。解此一维极值问题,得到最优解 $x_{n-1}=\lambda_{n-1}(s_{n-1})$ 和最优值 $f_{n-1}(s_{n-1})$。

在第 k 阶段,有

$$f_k(s_k)=\max_{x_k\in D_k(s_k)}\left[v_k(s_k,x_k)*f_{k+1}(s_{k+1})\right]$$

解得最优解 $x_k=x_k(s_k)$ 和最优值 $f_k(s_k)$。

以此类推,直到第一阶段,有

$$f_1(s_1)=\max_{x_1\in D_1(s_1)}\left[v_1(s_1,x_1)*f_2(s_2)\right]$$

解得最优解 $x_1=x_1(s_1)$ 和最优值 $f_1(s_1)$。

由于初始状态 s_1 已知,故 $x_1=x_1(s_1)$ 和 $f_1(s_1)$ 是确定的,从而 $s_2=T_1(s_1,x_1)$ 也就可以确定,于是 $x_2=x_2(s_2)$ 和 $f_2(s_2)$ 也就可以确定了。这样,按照上述递推过程相反的顺序推算下去,就可逐步确定出每阶段的决策及效益。

例 5-3　用逆推法求解下面问题:

$$\max z=x_1x_2^2x_3$$

$$\begin{cases}x_1+x_2+x_3=c\quad(c>0)\\ x_i\geqslant 0,\quad i=1,2,3\end{cases}$$

解　按问题的变量个数划分阶段,把它看作为一个三阶段决策问题。设状态变量为 s_1,s_2,s_3,s_4,并记 $s_1=c$;取问题中的变量 x_1,x_1,x_3 为决策变量;各阶段指标函数按乘积方式结合。令最优值函数 $f_k(s_k)$ 表示为第 k 阶段的初始状态为 s_k,从 k 阶段到 3 阶段所得到的最大值。

设

$$s_3=x_3,\quad s_3+x_2=s_2,\quad s_2+x_1=s_1=c$$

则有

$$x_3=s_3,\quad 0\leqslant x_2\leqslant s_2,\quad 0\leqslant x_1\leqslant s_1=c$$

于是用逆推解法,从后向前依次有

$$f_3(s_2)=\max_{x_3=f_3}(x_3)=s_3$$

及最优解

$$x_3^*=s_3$$

$$f_2(s_2)\ \max_{0\leqslant x_2\leqslant s_2}[x_2^2 f_3(x_3)]=\max_{0\leqslant x_2\leqslant s_2}[x_2^2(s_2-x_2)]=\max_{0\leqslant x_2\leqslant s_2}h_2(s_2,x_2)$$

由

$$\frac{dh_2}{dx_2}=2x_2s_2-3x_2^2=0$$

得 $$x_2=\frac{2}{3}s_2 \text{ 和 } x_2=0(\text{舍入})$$

又 $$\frac{d^2h_2}{dx_2^2}=2s_2-6x_2$$

而 $$\left.\frac{d^2h_2}{dx_2^2}\right|_{x_2=\frac{2}{3}s_2}=-2s_2<0$$

故 $x_2=\frac{2}{3}s_2$ 为极大值点。

所以 $$f_2(s_2)=\frac{4}{27}s_2^3$$

及最优解

$$x_2^*=\frac{2}{3}s_2$$

$$f_1(s_1)=\max_{0\leqslant x_1\leqslant s_1}[xf_2(x_2)]=\max_{0\leqslant x_1\leqslant s_1}\left[\frac{4}{27}x_1(s_1-x_1)^3\right]=\max_{0\leqslant x_1\leqslant s_1}h_1(s_1,x_1)$$

像先前一样利用微分法易知

$$x_1^*=\frac{1}{4}s_1$$

故 $$f_1(s_1)=\frac{1}{64}s_1^4$$

由于已知 $s_1=c$,因而按计算的顺序反推算,可得各阶段的最优决策和最优值,即

$$x_1^*=\frac{1}{4}c,\quad f_1(s_1)=\frac{1}{64}c^4$$

由

$$s_2=s_1-x_1^*=c-\frac{1}{4}c=\frac{3}{4}c$$

所以 $$x_2^*=\frac{2}{3}s_2=\frac{1}{2}c,\quad f_2(s_2)=\frac{1}{16}c^3$$

由

$$s_3=s_2-x_2^*=\frac{3}{4}c-\frac{1}{2}c=\frac{1}{4}c$$

所以

$$x_3^*=\frac{1}{4}c,\quad f_3(s_3)=\frac{1}{4}c$$

因此,得到最优解为

$$x_1^* = \frac{1}{4}c, \quad x_2^* = \frac{1}{2}c, \quad x_3^* = \frac{1}{4}c$$

最大值为

$$\max z = f_1(c) = \frac{1}{64}c^4$$

2. 顺推解法

设已知终止状态 s_{k+1}，并假定最优值函数 $f_k(s)$ 表示第 k 阶段末的结束状态为 s，从 1 阶段到 k 阶段所得到的最大收益。

已知终止状态 s_{k+1} 用顺推解法与已知初始状态用逆推解法在本质上没有区别，它相当于把实际的起点视为终点，实际的终点视为起点，而按逆推解法进行的，但应注意，这里是在上述状态变量和决策变量的记法不变的情况下考虑的。因此，这时的状态变换是上面状态变换的逆变换，记为 $s_k = T_k^*(s_{k+1}, x_k)$，从运算而言，即由 s_{k+1} 和 x_k 而去确定 s_k 的，从第一阶段开始，有

$$f_1(s_2) = \max_{x_1 \in D_1(s_1)} v_1(s_1, x_1)$$

其中

$$s_1 = T_1^*(s_2, x_1)$$

解得最优解 $x_1 = x_1(s_2)$ 和最优值 $f_1(s_2)$，若 $D_1(s_1)$ 只有一个决策，则 $x_1 \in D_1(s_1)$ 就写成 $x_1 = x_1(s_2)$。

在第二阶段，有

$$f_2(s_3) = \max_{x_2 \in D_2(s_2)} [v_2(s_2, x_2) * f_1(s_2)]$$

其中，$s_2 = T_2^*(s_3, x_2)$，解得最优解 $x_2 = x_2(s_3)$ 和最优值 $f_2(s_3)$。

如此类推，直到第 n 阶段，有

$$f_n(s_{n+1}) = \max_{x_n \in D_n(s_n)} [v_n(s_n, x_n) * f_{n-1}(s_n)]$$

其中，$s_n = T_n^*(s_{n+1}, x_n)$，解得最优解 $x_n = x_n(s_{n+1})$ 和最优值 $f_n(s_{n+1})$。

由于终止状态 s_{n+1} 是已知的，故 $x_n = x_n(s_{n+1})$ 和 $f_n(s_{n+1})$ 是确定的，再按计算过程的相反顺序推算上去，就可逐步确定出每阶段的决策及效益。

应指出的是，若将状态变量的记法改为 $s_0, s_1, \cdots, s_n$，决策变量记法不变，则按顺序解法，此时的最优值函数为 $f_k(s_k)$，因此，这个符号与逆推解法的符号一样，但含义是不同的，这里的 s_k 是表示 k 阶段末的结束状态。

例 5-4　将例 5-3 用顺推解法解之。

解　设 $s_4 = c$，令最优值函数 $f_k(s_{k+1})$ 表示第 k 阶段末的结束状态为 s_{k+1}，从 1 阶段到 k 阶段的最大值。

设

$$s_2 = x_1, \quad s_2 + x_2 = s_3, \quad s_3 + x_3 = s_4 = c$$

则有

$$x_1 = s_2, \quad 0 \leqslant x_2 \leqslant s_3, \quad 0 \leqslant x_3 \leqslant s_4$$

于是用顺推解法，从前向后依次有 $f_1(s_2) = \max\limits_{x_1 = s_2}(x_1) = s_2$ 及最优解 $x_1^* = s_2$。

$$f_2(s_3) = \max_{0 \leqslant x_2 \leqslant s_3} [x_2^2 f_1(s_2)] = \max_{0 \leqslant x_2 \leqslant s_3} [x_2^2(s_3 - x_2)] = \frac{4}{27}s_3^3$$

及最优解

$$x_2^* = \frac{2}{3}s_3$$

$$f_3(s_4) = \max_{0 \leqslant x_3 \leqslant s_4} [x_3 \cdot f_2(s_3)] = \max_{0 \leqslant x_3 \leqslant s_4} \left[x_3 \cdot \frac{4}{27}(s_4 - x_3)^3\right] = \frac{1}{64}s_4^4$$

及最优解

$$x_3^* = \frac{1}{4}s_4$$

由于已知 $s_4 = c$，故易得到最优解为

$$x_1^* = \frac{1}{4}c, \quad x_2^* = \frac{1}{2}c, \quad x_3^* = \frac{1}{4}c$$

相应的最大值为

$$\max z = \frac{1}{64}c^4$$

现在再考虑若是已知初始状态 $s_1 = c$，将例 5－3 用顺推解法又如何进行呢？

因这时的状态转移函数为 $s_k = s_{k+1} + x_k, k = 1,2,3$，为了保证决策变量非负，必须有 $s_{k+1} \leqslant s_k \leqslant c$。

因此，设

$$x_1 + s_2 = s_1 = c, \quad x_2 + s_3 = s_2, \quad x_3 + s_4 = s_3$$

则有

$$x_1 = s_1 - s_2 = c - s_2, \quad 0 \leqslant x_2 \leqslant s_2 - s_3, \quad 0 \leqslant x_3 \leqslant s_3 - s_4 \leqslant c - s_4$$

于是用顺推解法，从前向后依次有

$$f_1(s_1) = \max_{x_1 = c - s_2} (x_1) = c - s_2$$

及最优解

$$x_1^* = c - s_2$$

$$f_2(s_3) = \max_{0 \leqslant x_2 \leqslant c - s_3} [x_2^2 f_1(s_2)] = \max_{0 \leqslant x_2 \leqslant c - s_3} [x_2^2(c - s_3 - x_2)] = \frac{4}{27}(c - s_3)^3$$

及最优解

$$x_2^* = \frac{2}{3}(c - s_3)$$

$$f_3(s_4) = \max_{0 \leqslant x_3 \leqslant c - s_4} [x_3 \cdot f_2(s_3)] = \max_{0 \leqslant x_3 \leqslant c - s_4} \left[x_3 \cdot \frac{4}{27}(c - s_4 - x_3)^3\right] = \frac{1}{64}(c - s_4)^3$$

及最优解

$$x_3^* = \frac{1}{4}(c - s_4)$$

由于终止状态 s_4 不知道，故须再对 s_4 求一次极值，即

$$\max_{0 \leqslant s_4 \leqslant c} f_3(s_4) = \max_{0 \leqslant s_4 \leqslant c} \frac{1}{64}(c - s_4)^3$$

显然，只有当 $s_4 = 0$ 时，$f_3(s_4)$ 才能达到最大值。然后按计算顺序反推算可求出各阶段的最优值为

$$x_1^* = \frac{1}{4}c, \quad x_2^* = \frac{1}{2}c, \quad x_3^* = \frac{1}{4}c$$

最大值为

$$\max z = f_3(0) = \frac{1}{64}c^4$$

注：若记状态变量为 s_0, s_1, s_2, s_3，取 $s_0 = c$；决策变量记法不变；令最优值函数 $f_k(s_k)$ 表示第 k 阶段末的结束状态为 s_k，求从 1 阶段到 k 阶段的最大值。则按顺推解法，从前向后依次为

$$f_1(s_1) = \max_{x_1 = c - s_1} (x_1)$$

$$f_2(s_2) = \max_{0 \leqslant x_2 \leqslant c - s_2} [x_2^2 f_1(s_1)]$$

$$f_3(s_3) = \max_{0 \leqslant x_3 \leqslant c - s_3} [x_3 f_2(s_2)]$$

三、一维资源分配问题

设有某种原料，总数量为 a，用于生产 n 种产品。若分配数量用于生产第 i 种产品，其收益为 $g_i(x_i)$。问应如何分配，才能使生产 n 种产品的总收入最大？

此问题可写成静态规划问题：

$$\begin{cases} \max[g_1(x_1) + \cdots + g_n(x_n)] \\ x_1 + \cdots + x_n = a \\ x_1 \geqslant 0, \quad i = 1, \cdots, n \end{cases}$$

当 $g_i(x_i)$ 是线性函数时，它是一个线性规划问题；当 $g_i(x_i)$ 是非线性函数时，它是一个非线性规划问题。但当 n 比较大时，具体求解比较麻烦。然而，由于这类问题的特殊结构，可以将它看成多阶段决策问题，并利用动态规划的递推关系来求解。

当应用动态规划方法处理这类"静态规划"问题时，通常把资源分配给一个或几个使用者的过程为一阶段，把规划问题中的变量 x_1 取为"决策变量"，将累计的量或随递推过程变化的量选为"状态变量"。

设：状态变量 s_k 表示分配用于生产第 k 种产品至第 n 种产品的原料数量；决策变量 u_k 表示分配生产第 k 种产品的原料数量，即 $u_k = x_k$。

状态转移方程：

$$s_{k+1} = s_k - u_k = s_k - x_k$$

允许决策集合：

$$D_k(s_k) = \{u_k \mid 0 \leqslant u_k = x_k \leqslant s_k\}$$

令 $f_k(s_k)$ 表示以数量 s_k 的原料分配给第 k 种产品至第 n 种产品的最大总收入。则有动态规划的递推关系式为

$$\begin{cases} f_k(s_k) \max_{0 \leqslant x_k \leqslant s_k} [g_k(x_k) + f_{k+1}(s_k - x_k)] \\ f_n(s_n) = g_n(s_n) \end{cases}$$

四、二维资源分配问题

设有两种原料，数量各为 a 和 b，需要分配用于生产 n 种产品。如果第一种原料以数量 x_i，第二种原料以数量 y_i 用于生产第 i 种产品，其收入为 $g_i(x_i, y_i)$。问应如何分配两种原料于 n 种产品，使总收入最大？

此问题可写成静态规划问题：

$$\begin{cases}\max[g_1(x_1,y_1)+\cdots+g_n(x_n,y_n)]\\x_1+\cdots+x_n=a\\y_1+\cdots+y_n=b\\x_i\geqslant 0,\quad y_i\geqslant 0,\quad i=1,\cdots,m\end{cases}$$

当用动态规划方法求解时，状态变量和决策变量要取二维的。设：

(1) 状态变量(x,y)。

x—— 分配用于生产第k种产品至第n种产品的第一种原料的数量。

y—— 分配用于生产第k种产品至第n种产品的第二种原料的数量。

(2) 决策变量(x_k,y_k)。

x_k—— 分配给第k种产品第一种原料的数量。

y_k—— 分配给第k种产品第二种原料的数量。

(3) 状态转移关系

$$\begin{cases}\tilde{x}=x-x_k\\\tilde{y}=y-y_k\end{cases}$$

式中，$\tilde{x}$，$\tilde{y}$分别表示用于生产第$k+1$种至第n种产品的第一种和第二种原料的数量。

(4) 允许决策集合 $D_k(x,y)=\{u_k \mid 0\leqslant x_k\leqslant x,\quad 0\leqslant y_k\leqslant y\}$

(5) $f_k(x,y)$表示以第一种原料x，第二种原料y，分配给第k种至第n种产品所得到的最大收入。

由最优化原理，有动态规划递推关系式：

$$\begin{cases}f_k(x,y)=\max\limits_{\substack{0\leqslant x_k\leqslant x\\0\leqslant y_k\leqslant y}}[g_k(x_k,y_k)+f_{k+1}(x-x_k,y-y_k)]\\f_n(x,y)=g_n(x,y)\quad k=n-1,\cdots,n\end{cases}$$

由于$g(x,y)$的复杂性，一般计算较难，因此常用这个递推关系进行数值计算，并采用以下一些方法进行降维和简化处理：

(1) 拉格朗日乘数法。

(2) 逐次逼近法。

(3) 粗格子点法(疏密法)。

第三节　单类型导弹火力分配问题

火力分配就是对给定的打击目标和可以使用的弹量，确定每个目标所配置的弹量，使得打击目标总体效果最大。

设一种弹型的弹量为M，拟用来打击n个目标。已知用于目标K的弹量为n_k时的毁伤效果为$g_k(u_k)$，$g_k(u_k)$是u_k的非递减函数，即不会随着u_k的增加而减少，问应该如何分配弹量，使得n个目标打击效果最大？

一、问题的数学模型

该问题的数学模型可以表示为

$$\max[g_1(u_1)+g_2(u_2)+\cdots+g_n(u_n)]$$

$$\text{s.t.} \quad u_1 + u_2 + \cdots + u_n \leqslant M \qquad (5-3)$$

$$u_1, u_2, \cdots, u_n \geqslant 0$$

当 u_k 连续变化，$g_k(u_k)$ 是线性函数时，问题是线性规划问题；当 $g_k(u_k)$ 是非线性函数时，问题是非线性规划问题。对于导弹火力分配来说，$g_k(u_k)$ 是一个离散函数，虽然属于非线性函数，但是特别适应于动态规划方法去处理。

二、模型的动态规划解法

将这种问题作为多阶段决策问题的过程问题来研究的一般形式是，将 n 个目标作为一个互相链接的整体，对一个目标的弹量分配作为一个阶段，每个阶段都要确定一个目标的弹量。

$\boldsymbol{X}_k$ 是状态变量，表示阶段 k 初始拥有的弹量，即将要在第 k 个目标到第 n 个目标分配的弹量。

u_k 是决策变量，表示对第 k 个目标的分配弹量。

关于状态变量 x_k 的约束条件是

$$0 \leqslant x_k \leqslant M$$

关于决策变量 u_k 的约束条件是

$$0 \leqslant u_k \leqslant x_k$$

即阶段 k 的弹量 x_k 总是小于或等于阶段初拥有的弹量。

因此，状态转移方程为

$$x_{k+1} = x_k - u_k$$

即阶段 $k+1$ 拥有的弹量为阶段 k 拥有的弹量与配置量之差。

$$r_k(x_k, u_k) = g_k(u_k)$$

目标函数为 n 个目标打击后总的毁伤效果，即

$$R = \sum_{k=1}^{n} g_k(u_k)$$

假设，$f_k(x_k)$ 表示阶段 k 拥有弹量 x_k 时按最优分配方案获得的总效果，则动态规划的基本方程是

$$f_k(x_k) = \max\{g_k(u_k) + f_{k+1}(x_{k+1})\} \qquad (5-4)$$

式中，$x_{k+1} = x_k - u_k$。

三、实例

假设有 5 枚导弹，3 个目标，分别设为 A，B 和 C，各个目标在不同弹量下的毁伤效果如表 5-1 所列，用动态规划方法求最优配置方案。

表　5-1

配置弹量		0	1	2	3	4	5
毁伤效果	A	0	0.1	0.1	0.2	0.2	0.2
	B	0	0	0.1	0.2	0.4	0.5
	C	0	0.1	0.2	0.2	0.3	0.3

该问题可以作为三个阶段决策过程，对 A，B 和 C 三个目标配置弹量分别作为 1，2，3 三个

阶段，x_k 表示给目标 k 配置前所拥有的弹量。u_k 为给目标 k 配置的弹量，状态转移方程是 $x_{k+1}=x_k-u_k$。

目标函数是

$$k=\sum_{k=1}^{n} g_k(u_k)$$

首先逆序求条件最优目标函数值集合和条件最优决策集合。

当 $k=3$ 时，$0\leqslant x_3\leqslant 5, 0\leqslant u_3\leqslant x_3$，有

$$f_3(x_3)=\max_{u_3}\{g_3(u_3)+f_4(x_4)\}$$

其中

$$f_4(x_4)=0$$

于是，若 $x_3=0$，则

$$f_3(0)=\max_{u_3=0}\{g_3(u_3)\}=g_3(0)=0$$

$$u_3=0$$

若 $x_3=1$，则

$$f_3(1)=\max_{u_3=0,1}\{g_3(u_3)\}=\max\begin{Bmatrix}g_3(0)\\g_3(1)\end{Bmatrix}=\max\begin{Bmatrix}0\\0.1\end{Bmatrix}=0.1$$

$$u_3'(1)=1$$

若 $x_3=2$，则

$$f_3(2)=\max_{u_3=0,1,2}\{g_3(u_3)\}=\max\begin{Bmatrix}g_3(0)\\g_3(1)\\g_3(2)\end{Bmatrix}=\max\begin{Bmatrix}0\\0.1\\0.2\end{Bmatrix}=0.2$$

若 $x_3=3$，则

$$f_3(3)=\max_{u_3=0,1,2,3}\{g_3(u_3)\}=\max\begin{Bmatrix}g_3(0)\\g_3(1)\\g_3(2)\\g_3(3)\end{Bmatrix}=\max\begin{Bmatrix}0\\0.1\\0.2\\0.2\end{Bmatrix}=0.2$$

若 $x_3=4$，则

$$f_3(4)=\max_{u_3=0,1,2,3,4}\{g_3(u_3)\}=\max\begin{Bmatrix}g_3(0)\\g_3(1)\\g_3(2)\\g_3(3)\\g_3(4)\end{Bmatrix}=\max\begin{Bmatrix}0\\0.1\\0.2\\0.2\\0.3\end{Bmatrix}=0.3$$

若 $x_3=5$，则

$$f_3(5)=\max_{u_3=0,1,2,3,4,5}\{g_3(u_3)\}=\max\begin{Bmatrix}g_3(0)\\g_3(1)\\g_3(2)\\g_3(3)\\g_3(4)\\g_3(5)\end{Bmatrix}=\max\begin{Bmatrix}0\\0.1\\0.2\\0.2\\0.3\\0.3\end{Bmatrix}=0.3$$

$$u_3'(5)=4\text{ 或 }5$$

综上所述可见,阶段 3 的最优决策就是 $u_3'(x_3)=x_3$,即把所有剩余弹量都分配给目标 3,由函数 $g_3(u_3)$ 的递减性知道,这时,其优化结果如表 5-2 所列。

当 $k=3$ 时,$x_3=x_2-u_2$,$0\leqslant x_2\leqslant 5$,$0\leqslant u_2\leqslant x_2$,有

$$f_2(x_2)=\max_{u_2}\{g_2(u_2)+f_3(x_3)\}$$

表 5-2　阶段 3 的优化结果

x_3 \ u_3	0	1	2	3	4	5	$f_3(x_3)$	$u_3(x_3)$
0	0						0	0
1	0	0.1					0.1	1
2	0	0.1	0.2				0.2	1
3	0	0.1	0.2	0.2			0.2	2 或 3
4	0	0.1	0.2	0.2	0.3		0.3	4
5	0	0.1	0.2	0.2	0.3	0.3	0.3	4 或 5

若 $x_2=0$,则

$$f_2(0)=\max_{u_2=0}\{g_2(u_2)+f_3(x_3)\}=g_2(0)+0=0$$

$$u_2(0)=0$$

若 $x_2=1$,则

$$f_2(1)=\max_{u_2=0,1}\{g_2(u_2)+f_3(x_3)\}=\max\begin{Bmatrix}g_2(0)+f_3(1)\\g_2(1)+f_3(0)\end{Bmatrix}=\max\begin{Bmatrix}0+0.1\\0+0\end{Bmatrix}=0.1$$

若 $x_2=2$,则

$$f_2(2)=\max_{u_2=0,1,2}\{g_2(u_2)+f_3(x_3)\}=\max\begin{Bmatrix}g_2(0)+f_3(2)\\g_2(1)+f_3(1)\\g_2(2)+f_3(0)\end{Bmatrix}=\max\begin{Bmatrix}0+0.2\\0+0.1\\0+1\end{Bmatrix}=0.2$$

$$u_2'(2)=0$$

若 $x_2=3$,则

$$f_2(3)=\max_{u_2=0,1,2,3}\{g_2(u_2)+f_3(x_3)\}=\max\begin{Bmatrix}g_2(0)+f_3(3)\\g_2(1)+f_3(2)\\g_2(2)+f_3(1)\\g_2(3)+f_3(0)\end{Bmatrix}=\max\begin{Bmatrix}0+0.3\\0+0.2\\0.1+0.1\\0.2+0\end{Bmatrix}=0.3$$

$$u_2'(3)=0$$

若 $x_2=4$,则

$$f_2(4)=\max_{u_2=0,1,2,3,4}\{g_2(u_2)+f_3(x_3)\}=\max\begin{Bmatrix}g_1(0)+f_3(4)\\g_3(1)+f_3(3)\\g_1(2)+f_3(2)\\g_3(3)+f_3(1)\\g_3(4)+f_3(0)\end{Bmatrix}=\max\begin{Bmatrix}0+0.3\\0+0.2\\0.1+0.2\\0.2+0.1\\0.4+0\end{Bmatrix}=0.4$$

若 $x_2=5$，则

$$f_2(5)=\max_{u_2=0,1,2,3,4,5}\{g_2(u_2)+f_3(x_3)\}=\max\begin{Bmatrix}g_1(0)+f_3(5)\\g_3(1)+f_3(4)\\g_3(2)+f_3(3)\\g_3(3)+f_3(2)\\g_3(4)+f_3(1)\\g_3(5)+f_3(0)\end{Bmatrix}=\max\begin{Bmatrix}0+0.3\\0+0.3\\0.1+0.2\\0.2+0.2\\0.5+0.1\\0.5+0\end{Bmatrix}=0.5$$

综上所述可见，现阶段的最优决策就是当弹量 $x_2\leqslant 3$ 时，不给第 2 个目标分配；当 $x_2=4$ 时，不给第 2 个目标或全给第 2 个目标；当 $x_2=5$ 时，全给第 2 个目标，其优化结果如表 5－3 所列。

表 5－3　阶段 2 的优化结果

x_2 \ u_2	0	1	2	3	4	5	$f_2(x_2)$	$u_2(x_2)$
0	0＋0						0	0
1	0＋0.1	0＋0					0.1	0
2	0＋0.2	0＋0.1	0＋0				0.2	0
3	0＋0.2	0＋0.2	0.1＋0.1	0.2＋0			0.2	0
4	0＋0.3	0＋0.2	0.1＋0.2	0.2＋0.1	0.4＋0		0.4	4
5	0＋0.3	0＋0.3	0.1＋0.2	0.2＋0.2	0.4＋0.1	0.5＋0	0.5	4 或 5

当 $k=1$ 时，$x_2=x_1-u_1$，$x_1=5$，有

$$f_1(x_1)=\max[g_1(u_1)+f_2(x_2)]$$

由于 $x_1=5$ 是唯一的，因此

$$f_1(5)=\max_{u_3=0,1,2,3,4,5}\{g_1(u_1)+f_2(5-u_1)\}=\max\begin{Bmatrix}g_1(0)+f_2(5)\\g_1(1)+f_2(4)\\g_1(2)+f_2(3)\\g_1(3)+f_2(2)\\g_1(4)+f_2(1)\\g_1(5)+f_2(0)\end{Bmatrix}=\max\begin{Bmatrix}0+0.5\\0.1+0.4\\0.1+0.2\\0.2+0.2\\0.2+0.1\\0.2+0\end{Bmatrix}=0.5$$

即阶段 1 的最优决策是完成给目标分配弹量，其优化结果如表 5－4 所列。

表　5－4

x_2 \ u_2	0	1	2	3	4	5	$f_2(x_2)$	$u_2(x_2)$
5	0＋0.5	0.1＋0.4	0.1＋0.2	0.2＋0.2	0.2＋0.1	0.2＋0	0.5	0 或 1

由于阶段 1 的初始状态 $x_1=5$ 是唯一确定的，因此 $x_1=5$ 就是整个多阶段决策过程中最初的状态，$f_1(5)=0.5$ 就是整个多阶段决策过程的最优目标函数值 R^*，$u_1(5)=0$ 或 1 是阶段的

最优决策，当 $u_1^*(5)=0$，顺次即可求得如图 5-6 所示的最优决策过程。

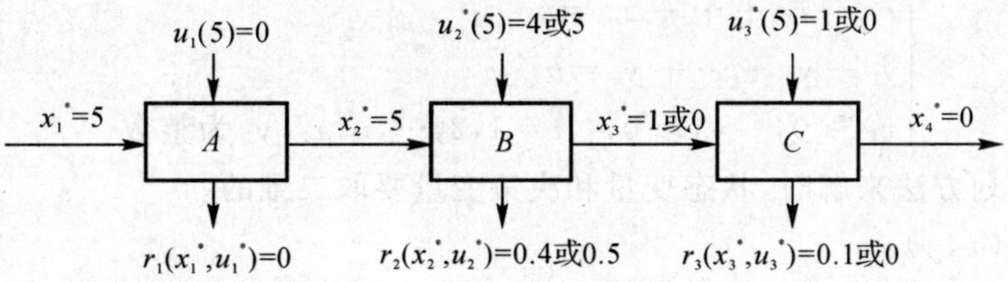

图 5-6　当 $u_1^*(5)=0$ 时，3 个阶段的最优决策过程

最优目标函数值最大毁伤效果是

$$R^*=f_1(5)=0.5$$

最优策略是$\{u_1^*(5)=0, u_2^*(5)=4$ 或 $u_3^*(0)=1$ 或 $0\}$。

最优火力分配是第一个目标不打击，第二个目标使用 4 枚或 5 枚弹，第三个目标使用 1 枚或不打，这样可使目标毁伤效果达到 0.5。

当 $u_1^*(5)=1$ 时，顺次即可求得如图 5-7 所示的最优决策过程。

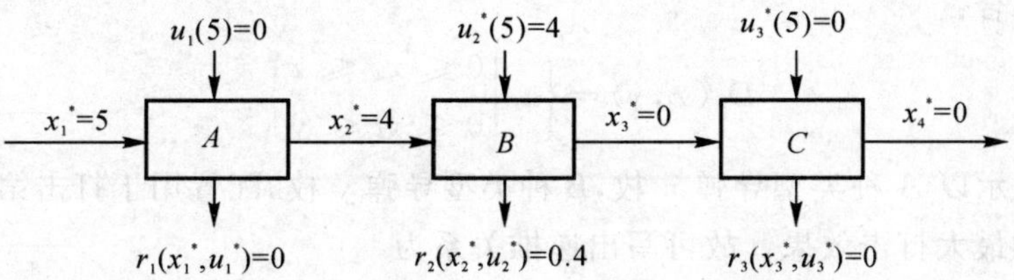

图 5-7　当 $u_1^*(5)=1$ 时，3 个阶段的最优决策过程

最优目标函数值的最大毁伤效果是

$$R^*=f_1(5)=0.5$$

最优策略是

$$u_1^*(5)=0,\quad u_2^*(5)=4,\quad u_3^*(0)=0$$

最优火力分配是第一个目标使用 1 枚导弹，第二个目标使用 4 枚导弹，第三个目标不打，这样可使目标毁伤效果达到 0.5。

第四节　多类型导弹火力分配问题

一、两种类型导弹火力分配问题的描述

有两种类型的导弹 A 和 B，数量分别为 a 和 b 枚，需要配置到 n 个目标。如果以 A 类导弹 x_i 枚，B 类导弹 y_i 枚配置到第 i 个目标，其毁伤效果为 $h(x_i,y_i)$。应如何配置这两种导弹于 n 个目标，使总毁伤效果最大？

此问题可写成静态规划问题：

$$\begin{cases}\max[h_1(x_1,y_1)+h_2(x_2,y_2)+\cdots+h_n(x_n,y_n)]\\ x_1+x_2+\cdots+x_n=a\\ y_1+y_2+\cdots+y_n=b\\ x_i\geqslant 0,\quad y_i\geqslant 0,\quad i=1,2,\cdots,n,x_i,y_i\text{ 为整数}\end{cases}$$

当用动态规划方法来解时，状态变量和决策变量要取二维的。

设状态变量(x,y)：

x—— 配置用于打击第 k 个目标至第 n 个目标的 A 种类型的导弹数量。

y—— 配置用于打击第 k 个目标至第 n 个目标的 B 种类型的导弹数量。

决策变量(x_k,y_k)：

x_k—— 配置用于打击第 k 个目标的 A 种类型的导弹数量。

y_k—— 配置用于打击第 k 个目标的 B 种类型的导弹数量。

状态转移关系：

$$\tilde{x}=x-x_k,\quad \tilde{y}=y-y_k$$

式中，$\tilde{x}$ 和 $\tilde{y}$ 分别表示用来打击第 $k+1$ 个目标至第 n 个目标的 A,B 两种类型的导弹数量。

允许决策集合：

$$D_k(x,y)=\left\{u_k\left|\begin{matrix}0\leqslant x_k\leqslant x\\ 0\leqslant y_k\leqslant y\end{matrix}\right.\right\}$$

$f_k(x,y)$ 表示以 A 种类型导弹 x 枚，B 种类型导弹 y 枚，配置用于打击第 k 个目标至第 n 个目标时所得的最大打击效果。故可写出递推关系为

$$\begin{cases}f_n(x,y)=h_n(x,y)\\ f_k(x,y)=\max\limits_{\substack{0\leqslant x_k\leqslant x\\ 0\leqslant y_k\leqslant y}}[h_k(x_k,y_k)+f_{k+1}(x-x_k,y-y_k)]\\ k=n-1,\cdots,1\end{cases}$$

最后求得 $f_1(a,b)$ 即为所求问题的最大打击效果。

二、两种类型导弹火力分配的求解方法

求解二维动态规划的方法有拉格朗日乘数法、逐次逼近法和粗格子点法。本文讨论的导弹火力分配问题具有决策变量为整数的特点，因此采用逐次逼近法进行求解。

逐次逼近法的计算步骤：

先保持一个变量不变，对另一个变量实现最优化，然后交替地固定，以迭代的形式反复进行，直到获得某种要求的程度为止。

先设 $\boldsymbol{x}^{(0)}=[x_1^{(0)}\quad x_2^{(0)}\quad x_3^{(0)}\quad\cdots\quad x_n^{(0)}]$ 为满足 $\sum\limits_{i=1}^{n}x_i^{(0)}=a$ 的一个可行解，固定 x 在 $x^{(0)}$，先对 y 求解，则二维分配问题变为一维问题：

$$\begin{cases}\max[h_1(x_1^{(0)},y_1)+h_2(x_2^{(0)},y_2)+\cdots+h_n(x_n^{(0)},y_n)]\\ y_1+y_2+\cdots+y_n=b,\quad y\geqslant 0\text{ 且为整数}\end{cases}$$

可用对一维的方法来求解。设这解为 $\boldsymbol{y}^{(0)}=[y_1^{(0)}\quad y_2^{(0)}\quad\cdots\quad y_n^{(0)}]$，然后再固定 y 为 $y^{(0)}$，对 x 求解，即

$$\begin{cases}\max\sum_{i=1}^{n}h_i(x_i,y_i^{(0)})\\ \sum_{i=1}^{n}x_i=a,\quad x_i\geqslant 0\text{ 且为整数}\end{cases}$$

设其解为 $\boldsymbol{x}^{(0)}=[x_1^{(1)}\quad x_2^{(1)}\quad x_3^{(1)}\quad \cdots\quad x_n^{(1)}]$，再固定 x 为 $x^{(1)}$，对 y 求解，这样依次轮换下去，得到一系列的解 $\{x^{(k)}\}$，$\{y^{(k)}\}(k=0,1,\cdots)$。

因为

$$\sum_{i=1}^{n}g_i(x_i^{(0)},y_i)\leqslant\sum_{i=1}^{n}g_i(x_i^{(0)},y_i^{(0)})\leqslant\sum_{i=1}^{n}g_i(x_i^{(1)},y_i^{(0)})$$

故函数值序列 $\left\{\sum_{i=1}^{n}g_i(x_i^{(k)},y_i^{(k)})\right\}$ 是单调上升的。但不一定收敛到绝对的最优解，一般只收敛到某一局部最优解。因此，实际计算时，可选择几个初始点 $x^{(0)}$ 进行计算，然后从所得到的局部最优解中选择出一个最优的。

三、两种类型导弹火力分配的计算实例

1. 问题的描述

有两种类型的导弹 A 和 B，数量分别为 3 枚和 5 枚，需要配置到 3 个目标 M_1，M_2 和 M_3，各个目标在不同弹量下的毁伤效果如表 4-1 所列。求两种类型导弹对目标的最优配置方案使得对目标总的毁伤效果最大。

表　5-5

目标毁伤效果			B类导弹配置数量					
			0	1	2	3	4	5
A类导弹配置数量	0	M_1	0	0.1	0.1	0.2	0.2	0.2
		M_2	0	0	0.1	0.2	0.4	0.4
		M_3	0	0.1	0.2	0.2	0.3	0.3
	1	M_1	0.2	0.2	0.3	0.3	0.4	0.4
		M_2	0.1	0.2	0.3	0.4	0.5	0.6
		M_3	0.2	0.2	0.3	0.4	0.5	0.5
	2	M_1	0.2	0.3	0.4	0.4	0.5	0.6
		M_2	0.2	0.3	0.4	0.6	0.7	0.7
		M_3	0.1	0.2	0.3	0.4	0.5	0.6
	3	M_1	0.4	0.5	0.5	0.6	0.6	0.7
		M_2	0.3	0.3	0.5	0.7	0.7	0.7
		M_3	0.3	0.3	0.4	0.4	0.5	0.6

2. 计算步骤

(1) 先设 $\boldsymbol{x}^{(0)}=[0\quad 0\quad 0]$ 为 A 类型导弹配置的初始方案，对 B 类型导弹的最优配置方案

$\boldsymbol{y}^{(0)}$ 进行求解。

(2) 求得 B 类型导弹的最优配置方案为 $\boldsymbol{y}^{(0)}=[1\quad 4\quad 0]$，其综合毁伤效果为 $H_0=0.5$，固定 B 类型导弹的配置方案，对 A 类型导弹的最优配置方案 $x^{(1)}$ 进行求解。

(3) 求得 A 类型导弹的最优配置方案为 $\boldsymbol{x}^{(1)}=[1\quad 2\quad 0]$，其综合毁伤效果为 $H_1=0.9$，重复(1)(2) 两步，求得 $\boldsymbol{y}^{(1)}=[0\quad 3\quad 2]$，$H_2=10.0$，$\boldsymbol{x}^{(2)}=[1\quad 2\quad 0]$，$H_3=10.0$。

求得最优配置方案为 A 类型导弹 $\boldsymbol{x}=[1\quad 2\quad 0]$，$B$ 类型导弹 $\boldsymbol{y}=[0\quad 3\quad 2]$，其综合毁伤效果为 $H=10.0$。

3. 多类型导弹火力配置的求解方法探讨

从算例可以看出，动态规划方法是解决多类型导弹火力配置问题的有效方法，当利用逐次逼近法求解时应注意以下几点：

(1) 选择一个较好的初始解能够减少计算量。

(2) 动态规划问题的最优解可能不唯一，比如本文算例中的 $x=[1,2,0]$，$y=[0,4,1]$ 也是一最优解。当求解火力配置问题时，应尽可能找出所有最优解，以提供更多的可选方案供决策者决策。

(3) 动态规划模型的逐次逼近解法比较容易编制计算软件，能够较好地解决导弹类型较多、数量较大时的火力配置问题。

逐次逼近法可推广到多于两种类型导弹的火力配置问题。当导弹类型数大于两种时，先保持其余变量不变，对其中一个类型的配置实现最优化，然后交替地对所有类型进行最优化，如此反复进行，直到获得某种要求的程度为止。

第六章　排队论及应用

第一节　排队论基本原理

排队论（Queuing Theory），又称随机服务系统理论，是由丹麦工程师爱尔朗(A. K. Erlang)创立的研究排队现象的一门学科，经过近百年的发展，其理论成果日益丰富和完善，直到今天，排队论在许多领域仍有广泛的应用。

本章介绍排队系统的基本概念和有关的基础知识，给出几种常见模型的数量指标计算公式，讨论系统的最优化问题。

一、基本概念

1. 排队现象及排队论研究的内容

排队是生产和生活中经常遇到的现象，例如去火车站售票窗口购票，去医院就诊，去银行存款或交纳各种费用，往往需要排队等候一段时间才能得到服务。现以顾客到银行办理业务为例，说明排队现象的特征及排队论研究的内容。

例 6－1　某银行储蓄所的业务范围包括储蓄、代发工资、代收电费和电话费、代售天然气等。储蓄所有 3 个窗口提供服务，实行柜员制。经统计，平均每小时有 80 人前来办理业务，各窗口工作人员业务熟练程度相同，平均 2 min 可办完一笔业务。如果从上班开始，每隔 6 min，有 8 位顾客到达，每位顾客所需的服务时间都是 2 min，那么，3 个窗口 6 min 内办完 8 位顾客的业务，还有些许休息时间，这种情形，可以说该储蓄所是一种确定性的服务系统。

然而，实际情况并非如此。每天早上，刚上班的一段时间，顾客很少，到 10 点前后，各窗口前排起了长队，临近下班，顾客又会减少。另外，顾客所需的服务时间有多有少，差别较大，如小额的存款、取款和缴费业务，不到 2 min 就能办完，而开户办卡和大额的存款业务，费时达 10 min 或更多，无耐心等待的顾客，干脆就去其他银行了。

那么，能不能多设几个窗口呢？从客户方而讲，提供服务的窗口越多越好，不需要排队等候，一到就能办理业务。从储蓄所方面讲，增加窗口意味着场地、人员、设备和其他费用的增加；不加窗口，损失客户，显然对经营不利。可见，当顾客的到达和所需的服务时间呈现出不确定性，无法确切预知时，服务系统的秩序就会有很大的不同。事实上，不确定性或随机性是一切排队现象的共性，也是排队现象的本质特征。排队论研究的目的是探索这类系统的运行规律，提出解决方案，使得顾客排队等待的时间尽可能少，服务机构的经营成本尽可能低。

一般来讲，对于一个服务系统，应先求出以下几个主要的数量指标：

(1) 排队顾客的平均人数 L_q。

(2) 每个顾客的平均等待时间 W_q。

(3) 系统内顾客数的平均值 L。

(4) 平均每个顾客在系统的逗留时间 W。

(5) 前来的顾客排队的可能性。

然后根据系统的运行成本和顾客的等待成本,确定系统的改进对策(包括提高服务能力、设置适当的服务窗口数等)。

2. 任务系统的基本组成

为了叙述问题方便起见,可把前来寻求服务的人或物统称为“顾客”,提供服务的人或设施统称为“服务台”,顾客与服务台组成的服务系统可描述如下:为了获得某种服务而到达的顾客,若不能立即得到服务而又允许排队等待,则加入等待队列,接受完服务之后离开系统。如图 6-1 所示给出了一个服务系统的简单图示。

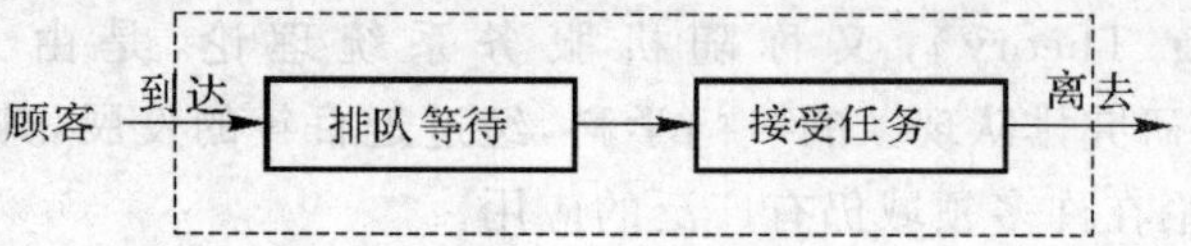

图 6-1　服务系统

从研究的角度看,一个服务系统的基本组成包括 3 部分:输入过程、排队规则和服务机构。

(1) 输入过程。输入过程描述顾客到达服务系统的规律,其中的一个数量指标为顾客相继到达的间隔时间,这是一个随机变量,它的概率分布有负指数分布等。另外一个指标为可能前来寻求服务的潜在的客数,即客源总数也是要考虑的一个内容。

(2) 排队规则。排队规则是指从队列中挑选顾客进行服务的规则,有先到先接受服务、后到先接受服务、随机服务、优先权服务等。

(3) 服务机构。服务机构包括服务台的数目和服务时间分布,当系统有多个服务台时,可分为串联和并联两种服务形式;服务时间的概率分布有负指数分布等。

3. 排队模型的符号表示

肯德尔(D. G. Kendall) 于 1953 年首次提出排队模型的记号方案,他把服务系统的三项基本特征表示成

$$A/B/C$$

其中,A 表示顾客相继到达的时间间隔分布;B 表示服务时间分布;C 表示服务台数目,后来人们将 Kendall 的符号扩充成

$$A/B/C/D/E/F$$

前三项意义不变,D 和 E 分别表示系统中可容纳的顾客数与客源总数,F 代表服务规则。

例如,$M/M/c/\infty/\infty/\text{FCFS}$ 表示顾客到达的时间间隔与服务时间分布均为负指数分布,系统中有 c 个服务台,系统容量、客源数均为无限,FCFS(First Come First Served) 为先到先接受服务系统,容量与客源是无限时,可略去不写。本书讨论的都是先到先服务系统,故 FCFS 也省略不写。

二、顾客的到达与泊松分布

常见的顾客到达服务系统的输入过程为泊松(Poisson) 输入。如果把一个一个随机地来到服务系统要求服务的顾客序列称作事件流,那么泊松输入也叫最简单(事件) 流。这一节将

稍微深入地分析一下泊松输入的情形。

1. 到达的顾客数与泊松过程

用 $X(t)$ 表示在 $(0,t]$ 时间内到达服务系统的顾客数，对于每个给定的时刻 t，$X(t)$ 都是一个随机变量，随机变量族 $\{X(t),t\geqslant 0\}$ 称为一个随机过程，若 $\{X(t),t\geqslant 0\}$ 满足下述 4 个条件，则称之为泊松过程或最简单流。

(1) 平稳性。在时间区间 $(s,s+t]$ 内到达 k 个顾客的概率只与区间的长度 t 有关，与区间的位置无关。换句话说，系统在相同的时间间隔内到达相同数量顾客的概率是相等的，即对任意的 $s\geqslant 0,t\geqslant 0$，有

$$P\{X(s+t)-X(s)=k\}=P\{X(t)-X(0)=k\}$$

(2) 无后效性。不相交的时间区间内到达的顾客数是相互独立的，通俗地说，前面到达的顾客情况对后面到达的顾客没有影响，用数学式子表示：

对任一组时刻 $t_1,t_2,\cdots,t_m$ $(m\geqslant 2$ 且 $t_1<t_2<\cdots<t_m)$，随机变量

$$X(t_2)-X(t_1),\quad X(t_3)-X(t_2),\quad X(t_m)-X(t_{m-1})$$

相互独立。

(3) 普通性。在长度为 Δt 的时段内到达一个顾客的概率为

$$P\{X(t+\Delta t)-X(t)=1\}=\lambda\Delta t+o(\Delta t) \tag{6-1}$$

其中，$\lambda>0$ 为常数，$o(\Delta t)$ 表示 Δt 的高阶无穷小，到达两个或两个以上顾客的可能性非常小，可以忽略不计，即

$$P\{X(t+\Delta t)-X(t)\geqslant 2\}=o(\Delta t) \tag{6-2}$$

(4) $X(0)=0$。可以证明，对于最简单流，在 $(0,t]$ 时间区间内，到达 k 个顾客的概率服从参数为 λt 的泊松分布，即

$$P\{X(t)=k\}=\frac{(\lambda t)^k}{k!}\mathrm{e}^{-\lambda t},\quad k=0,1,2,\cdots \tag{6-3}$$

$X(t)$ 的数学期望 $E[X(t)]=\lambda t$，于是 λ 表示单位时间到达的顾客数的平均值，又称 λ 为泊松过程的强度。

最简单流是一种用途广泛、数学上最容易处理的输入流，许多问题的输入过程可看作是最简单流。例 6-1 中到达银行的顾客、电信局交换机收到的呼叫信号、出故障的机器等都被视为是按最简单流出现的。

2. 顾客到达的时间间隔分布

设第 i 个顾客到达的时刻为 $t_i(i=0,1,2,\cdots)$，$t_0=0$ 则 $T_i=t_i-t_{i-1}(i=1,2,\cdots)$ 表示顾客相继到达的时间间隔，顾客到达的事件流在时间轴上如图 6-2 所示。

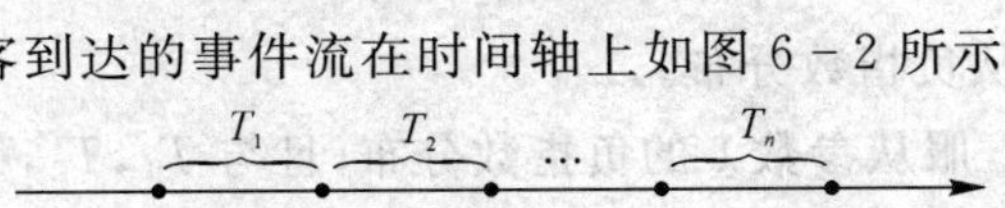

图　6-2

这里，每个 T_i 都是随机变量，假设它们相互独立，且服从相同参数 α 的负指数分布，即具有密度函数为

$$f_i(t)=\begin{cases}\alpha\mathrm{e}^{-\alpha t}, & t\geqslant 0\\ 0, & t<0\end{cases}$$

和分布函数为

$$P\{T_i \leqslant t\} = F_i(t) = \begin{cases} 1 - \mathrm{e}^{-\alpha t} & t \geqslant 0 \\ 0, & t < 2 \end{cases}$$

其中

$$\alpha > 0,\quad i = 1,2,\cdots$$

由概率论知，T_i 的期望 $E(T_i) = \frac{1}{\alpha}$，$\frac{1}{\alpha}$ 为间隔时间的平均值，而参数 α 的意义与泊松输入中参数 λ 的意义相同，都是单位时间内到达系统顾客数的平均值。

定理 6-1 在 $(0,t]$ 时间内到达的顾客数 $X(t)$，为强度 λ 的泊松过程的充要条件是，顾客相继到达的时间间隔 $T_i(i=1,2,\cdots)$ 相互独立，且服从参数为 λ 的负指数分布。

证明 这里只证明必要性，充分性的证明较复杂，可参阅有关资料。

设 $\{X(t), t \geqslant 0\}$ 为泊松过程，在 $(s, s+t]$ 时间内没有顾客到达的概率为

$$P\{X(s+t) - X(s) = 0\} = P\{X(t) = 0\} = \mathrm{e}^{-\lambda t},\quad s,t \geqslant 0$$

因此，由

$$P\{T_1 > t\} = P\{\text{在}(0,T]\text{内无顾客到达}\} = P\{X(t) = 0\} = \mathrm{e}^{-\lambda t}$$

知 T_1 服从负指数分布（参数为 λ），再考虑 T_2 对 T_1 的条件分布，因为

$$P\{T_2 > t \mid T_1 = s\} = P\{(s,s+t]\text{时间内无顾客到达} \mid \text{第一个顾客到达间隔为 } s\} =$$
$$P\{X(s+t) - X(s) = 0 \mid X(s) - X(0) = 1\}$$

注意到 $X(t)$ 的无后效性，$X(s+t) - X(s)$，$X(s) - X(0)$ 相互独立，有

$$P\{T_2 > t \mid T_1 = s\} = P\{X(s+t) - X(s) = 0\} = \mathrm{e}^{-\lambda t}$$

所以，可得条件分布函数

$$P\{T_2 \leqslant t \mid T_1 = s\} = 1 - \mathrm{e}^{-\lambda t} = F_{T_2|T_1}(t \mid s)$$

和条件概率密度

$$f_{T_2|T_1}(t \mid s) = \lambda \mathrm{e}^{-\lambda t}$$

于是，T_1，T_2 的联合密度函数为

$$f(t,s) = f_{T_2|T_1}(t \mid s) f_{T_1}(s) = \lambda \mathrm{e}^{-\lambda t} \cdot \lambda \mathrm{e}^{-\lambda t},\quad t \geqslant 0$$

再由边缘概率密度公式，得

$$f_{T_2}(t) = \int_0^{\infty} \lambda^2 \mathrm{e}^{-\lambda(t+s)} \mathrm{d}s = \lambda \mathrm{e}^{-\lambda t},\quad t \geqslant 0$$

故

$$f(t,s) = f_{T_2}(t) f_{T_1}(s)$$

即 T_1 与 T_2 相互独立，服从负指数分布。

用同样的方法可证 T_n 服从参数 λ 的负指数分布，且与 $T_1, T_2, \cdots, T_{n-1}$ 独立，证毕。

定理 6-1 说明，"顾客到达时间间隔相互独立且服从同指数分布"与"顾客的到达为最简单流"是输入过程两个等价的描述方式。

三、系统中的顾客数和生灭过程

用 $N(t)$ 表示在时刻 t 服务系统中的顾客数，显然 $\{N(t), t \geqslant 0\}$ 为一随机过程，当 $N(t) = n$ 即在时刻 t 系统中有 n 个顾客时，也说系统在时刻 t 的状态为 n，系统所有可能的状态组成的集合称为状态集，用 S 表示。

1. 生灭过程的概念

设状态集 $S=\{0,1,2,\cdots\}$，若$\{N(t),t\geqslant 0\}$ 满足下述三个条件，则称为一个生灭过程：

(1)

$$P\{N(t+\Delta t)=n+1 \mid N(t)=n\}=\lambda_n\Delta t+o(\Delta t),\quad n\geqslant 0 \tag{6-4}$$

即系统在时刻 t 处于状态 n 的条件下，经过长为 Δt(微小增量) 的时间间隔，其状态转移到 $n+1$ 的概率为 $\lambda_n\Delta t+o(\Delta t)$，其中，$\lambda_n>0$ 是与 t 无关的常数。

(2)

$$P\{N(t+\Delta t)=n-1 \mid N(t)=n\}=\mu_n\Delta t+o(\Delta t),\quad n\geqslant 1 \tag{6-5}$$

即系统在时刻 r 处于状态 n 的条件下，经过长为 Δt 的时间间隔，其状态转移到 $n-1$ 的概率为 $\mu_n\Delta t+o(\Delta t)$，其中，$\mu_n>0$ 是与 t 无关的常数。

(3)

$$\sum_{i\in Q}P\{N(t+\Delta t)=i \mid N(t)=n\}=o(\Delta t),\quad n\geqslant 1 \tag{6-6}$$

即系统经 Δt 时间从状态转移到集合 Q 中各状态的概率之和为 $o(\Delta t)$，其中 $Q=S-\{n-1,n,n+1\}$。

如果 $S=\{0,1,2,\cdots,K\}$，并且在$0\leqslant n\leqslant K$时满足条件(1)，在$1\leqslant n\leqslant K$时满足条件(2)，同时也满足(3)，那么$\{N(t),t\geqslant 0\}$ 称为有限状态生灭过程。

生灭过程的一个典型例子是细菌分裂和死亡的过程。设有一堆细菌，其中每个细菌在 Δt 时间内分裂成两个的概率为$\lambda\Delta t+o(\Delta t)$；而在 Δt 时间内死亡的概率为$\mu\Delta t+o(\Delta t)$，各个细菌在任一时间段内分裂或死亡都是相互独立的，如果将细菌的分裂和死亡看成是事件，则在 Δt 时间内发生两个事件的概率只能是下列三者之一：

$$(\lambda\Delta t+o(\Delta t))^2,\quad (\mu\Delta t+o(\Delta t))^2,\quad (\lambda+\Delta t+o(\Delta t))(\mu\Delta t+o(\Delta t))$$

因此，在 Δt时间内发生两个或两个以上事件的概率为$o(\Delta t)$，用$N(t)$表示时刻t这堆细菌的个数，易知，$N(t)$ 随时间 t 变化的过程满足式(6-4) ～ 式(6-6)，因而它是一生灭过程。

在服务系统内，顾客的到来和离去都会引起状态的变化，如果忽略 Δt 的高阶无穷小量 $o(\Delta t)$，则在很短时间 Δt 内，对一个生灭过程来说，状态变化仅仅有两种可能：

(1)$n\rightarrow n+1$，即系统内到达一个顾客，或称系统“生”了一个个体。

(2)$n\rightarrow n-1$，即系统内一个顾客离开，或称系统“灭”了一个个体。

于是，可以将系统状态变化用所谓状态转移图表示出来(见图 6-3)。

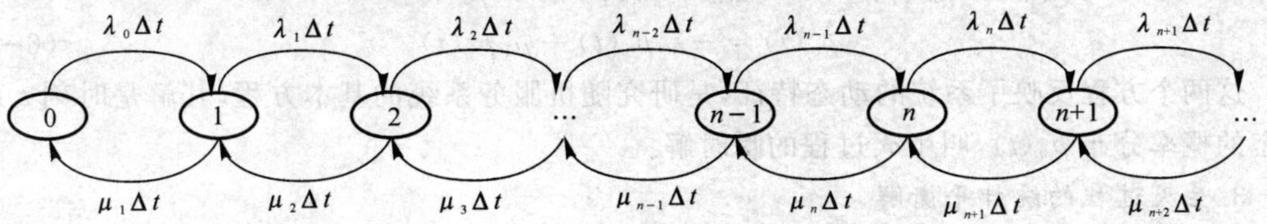

图　6-3

图中小椭圆内的数字表示系统在某时刻的状态，任何两个相邻状态的变化用箭头表示，指向右方的箭头表示“生”，上方是相应的概率；指向左方的箭头表示“灭”，下方是相应的概率。

生灭过程及其相应结论是研究随机服务系统的基础理论之一，以后会看到，许多排队模型的系统状态变化都可以归结为生灭过程。

2. 生灭过程微分方程

下面来计算生灭过程在时刻 t 状态为 n 的概率。为了书写方便，令

$$P_n(t) = P\{N(t) = n\}, \quad n \in S, \quad t \geqslant 0$$

设 B_1, B_2, B_3, B_4 分别表示系统在时刻 t 处于状态 $n, n-1, n+1$ 和 Q（其他状态）的事件，A 表示时刻 $t+\Delta t$ 处于状态 n 的事件，则由概率的可加性得

$$P(A) = P(AB_1) + P(AB_2) + P(AB_3) + P(AB_4) \tag{6-7}$$

并且

$$P(AB_1) = p_n(t)(1 - \lambda_n \Delta t - \mu_n \Delta t)o(\Delta t) \tag{6-8}$$

$$P(AB_2) = p_{n-1}(t)\lambda_{n-1}\Delta t + o(\Delta t) \tag{6-9}$$

$$P(AB_3) = p_{n+1}(t)\mu_{n+1}\Delta t + o(\Delta t) \tag{6-10}$$

$$P(AB_4) = o(\Delta t) \tag{6-11}$$

现仅验证式(6-8)。由于 $P(AB_1) = P(A \mid B_1)P(B_1)$ 且 $P(B_1) = p_n(t)$，因此只要求出 $P(A \mid B_1)$ 即可。注意到生灭过程的定义，有

$$\begin{aligned}1 = \sum_{k=0}^{\infty} P\{N(t+\Delta t) = k \mid N(t) = n\} = \\ P\{N(t+\Delta t) = n \mid N(t) = n\} + P\{N(t+\Delta t) = n-1 \mid N(t) = n\} + \\ P\{N(t+\Delta t) = n+1 \mid N(t) = n\} + \sum_{k \in Q} P\{N(t+\Delta t) = k \mid N(t) = n\} = \\ P(A \mid B_1) + \mu\Delta t + o(\Delta t) + \lambda\Delta t + o(\Delta t) + o(\Delta t)\end{aligned}$$

整理，得

$$P(A \mid B_1) = 1 - \lambda_n \Delta t - \mu_n \Delta t + o(\Delta t)$$

所以

$$P(AB_1) = p_n(t)(1 - \lambda_n \Delta t - \mu_n \Delta t) + o(\Delta t)$$

于是，利用式(6-7)～式(6-11)，得

$$\begin{cases} p_n(t+\Delta t) = p_n(t)[1 - \lambda_n \Delta t - \mu_n \Delta t] + p_{n-1}(t)\lambda_{n-1}\Delta t + p_{n+1}(t)\mu_{n+1}\Delta t + o(\Delta t), & n \geqslant 1 \\ p_0(t+\Delta t) = p_1(t)[1 - \lambda_0 \Delta t] + p_1(t)\mu_1 \Delta t + o(\Delta t) \end{cases}$$

将上两式右边不含 Δt 的项移到左边，然后两边同除以 Δt，令 $\Delta t \to 0^-$，得到生灭过程的微分方程

$$p_n(t) = \lambda_{n-1} p_{n-1}(t) - (\lambda_n + \mu_n) p_n(t) + \mu_{n+1} p_{n-1}(t), \quad n \geqslant 1 \tag{6-12}$$

$$p_0(t) = -\lambda_0 p_0(t) + \mu_1 p_1(t) \tag{6-13}$$

这两个方程反映了系统的动态特征，是研究随机服务系统的基本方程，其解是时刻 t 系统状态的概率分布 $p_n(t)$，叫生灭过程的瞬时解。

3. 生灭过程的统计平衡解

生灭过程 $\{N(t), t \geqslant 0\}$ 处于某状态的概率 $p_n(t)$ 是时间 t 的函数，随着 t 的无限增大，初始出发状态的影响逐渐消失，系统状态的分布趋于稳定，即有 $\lim\limits_{t \to \infty} p_n(t) = p_n$，把 p_n 叫做生灭过程的统计平衡解或稳态解，它表示在系统运行一段时间以后，任一时刻去观察，其中有 n 个顾客的概率。

譬如说，一个银行储蓄所，早上刚上班时，顾客较少，然后逐渐增多，10 点前后，顾客的到达率维持在一定水平上，起伏变化不大，到快下班时间，顾客又会少一些，可以取 10 点前后比

较稳定的状态作为平衡状态，系统软硬件的设置主要根据平衡状态时顾客的情况确定。

在实际应用中，当考察生灭过程的稳态形式时，应该有$\lim\limits_{t\to\infty}p_n'(t)=0, n=0,1,2,\cdots$，于是在方程式(6-12)和式(6-13)中，令$t\to\infty$得

$$0=\lambda_{n-1}p_{n-1}-(\lambda_n+\mu_n)p_n+\mu_{n+1}p_{n+1} \tag{6-14}$$

$$0=-\lambda_0 p_0+\mu_1 p_1 \tag{6-15}$$

将式(6-14)变为

$$\lambda_n p_n-\mu_{n+1}p_{n+1}=\lambda_{n-1}p_{n-1}-\mu_n p_n,\quad n\geqslant 1$$

令

$$g_n=\lambda_{n-1}p_{n-1}-\mu_n p_n,\quad n\geqslant 1$$

注意到式(6-15)，有$g_n=g_{n-1}=\cdots=g_1=0, n\geqslant 1$，故

$$p_n=\frac{\lambda_{n-1}}{\mu_n}p_{n-1},\quad n\geqslant 1$$

从而

$$p_n=\frac{\lambda_{n-1}\lambda_{n-2}\cdots\lambda_0}{\mu_n\mu_{n-1}\cdots\mu_1}p_0,\quad n\geqslant 1 \tag{6-16}$$

当$\dfrac{\lambda_{n-1}}{\mu_n}<1(n\geqslant 1)$时，级数

$$\sum_{n=0}^{\cdots}p_n=p_0+\sum_{n=1}^{\cdots}p_n=p_0+\sum_{n=1}^{\cdots}\frac{\lambda_{n-1}\lambda_{n-2}\cdots\lambda_0}{\mu_n\mu_{n-1}\mu_1}p_0=p_0\left(1+\sum_{n=0}^{\cdots}\frac{\lambda_{n-1}\lambda_{n-2}\cdots\lambda_0}{\mu_n\mu_{n-1}\mu_1}\right)$$

收敛，由下式计算p_0：

$$p_0=\left(1+\sum_{n=1}^{\cdots}\frac{\lambda_{n-1}\lambda_{n-2}\cdots\lambda_0}{\mu_n\mu_{n-1}\cdots\mu_1}\right)^{-1} \tag{6-17}$$

可保证$\sum\limits_{n=0}^{\cdots}p_n=1$。

类似地，当状态集S为有限时，有

$$p_n=\frac{\lambda_{n-1}\lambda_{n-2}\cdots\lambda_0}{\mu_n\mu_{n-1}\cdots\mu_1}p_0,\quad 1\leqslant n\leqslant K \tag{6-18}$$

$$p_0=\left(1+\sum_{n=1}^{\cdots}\frac{\lambda_{n-1}\lambda_{n-2}\cdots\lambda_0}{\mu_n\mu_{n-1}\cdots\mu_1}\right)^{-1} \tag{6-19}$$

系统达到统计平衡时，状态转移图如图6-4所示。

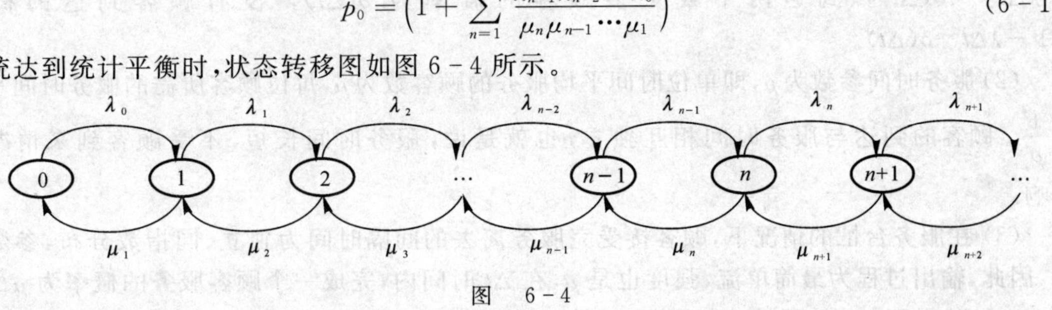

图　6-4

将方程式(6-14)和式(6-15)改写为

$$\left.\begin{aligned}&\lambda_{n-1}p_{n-1}+\mu_{n+1}p_{n+1}=\lambda_n p_n+\mu_n p_n\quad(n\geqslant 1)\\&\lambda_n p_n=\mu_1 p_1\end{aligned}\right\} \tag{6-20}$$

式(6-20)左边为由状态$n-1$和状态$n+1$转为状态n的速率，称为转入率，右边是由状

态 n 转到相邻两个状态 $n-1$ 和 $n+1$ 的速率，叫转出率，在统计平衡的条件之下。对每一状态而言，转入率应等于转出率，式(6-20)称为平衡方程。

四、系统的输出过程与服务时间分布

现在探讨顾客离去的规律。假设只有一个服务台，有顾客时，服务台必须工作，而当为顾客服务的时间服从参数为 μ 的负指数分布时，顾客离去的间隔时间也服从参数为 μ 的负指数分布，根据定理 6-1，系统的输出是一个强度为 μ 的泊松过程。

假设有 c 个服务台，每个服务台都在平行、独立地进行服务，服务时间服从同指数分布，参数为 μ，则在服务台全忙的条件下，系统的总输出仍是一个泊松过程，强度为 $c\mu$。最后，说明负指数分布的无记忆性，以服务时间为例，无记忆性的意思是，当某顾客已经接受服务一段时间，余下的服务时间仍服从同指数分布，这个性质的证明不难。

事实上，当接受服务的时间超过 s 时，剩余的服务时间分布为

$$P\{T>s+t \mid T>s\}=\frac{P\{T>s+t, T>s\}}{P\{T>s\}}=\frac{P\{T>s+t\}}{P\{T>s\}}$$

而

$$P\{T>s\}=1-P\{T\leqslant s\}=1-(1-e^{-\mu t})=e^{-\mu t}, \quad t\geqslant 0$$

所以

$$P(T>s+t \mid T>s)=\frac{e^{-\mu(s+t)}}{e^{-\mu s}}=e^{-\mu t}, \quad t\geqslant 0$$

即

$$P\{T>s+t \mid T>s\}=P\{T>t\}$$

五、*M/M/*1 模型

本节研究最简单的服务系统，即输入为最简单流，服务时间为负指数分布，只有一个服务台的模型，并且只研究统计平衡性质。

1. 模型假设与性质

(1) 输入参数为 λ，即单位时间平均到达的顾客数为 λ，在 Δt 时间内，到达一个顾客的概率为 $\lambda\Delta t+o(\Delta t)$，到达两个或更多顾客的概率为 $o(\Delta t)$，没有顾客到达的概率为 $1-\lambda\Delta t+o(\Delta t)$。

(2) 服务时间参数为 μ，即单位时间平均服务的顾客数为 μ，每位顾客所需的服务时间平均为 $\frac{1}{\mu}$。顾客的到达与服务时间相互独立，也就是说，服务时间长短，不受顾客到来情况的影响。

(3) 在服务台忙的情况下，顾客接受完服务离去的间隔时间为独立、同指数分布，参数是 μ。因此，输出过程为最简单流，强度也是 μ，在 Δt 时间内，完成一个顾客服务的概率为 $\mu\Delta t+o(\Delta t)$，完成两个或更多顾客服务的概率为 $o(\Delta t)$，没有完成顾客服务的概率为 $1-\mu\Delta t+o(\Delta t)$。

(4) 用 $N(t)$ 表示时刻 t 在系统的顾客数，则 $\{N(t), t\geqslant 0\}$ 是一个生灭过程，其参数

$$\lambda_n=\lambda, \quad n=0,1,2,\cdots$$

$$\mu_n=\mu, \quad n=1,2,3\cdots$$

现证明生灭过程定义的式(6－4)。

设 A 事件表示在 $N(t)=n$ 的条件下，$N(t+\Delta t)=n+1$，B 事件表示在$(t,t+\Delta t]$内恰好到达一个顾客，且正在接受服务的顾客没有结束服务；C 事件表示在$(t,t+\Delta t]$内至少到达两个顾客，至少离去一个顾客，并使得 $N(t+\Delta t)=n+1$。

易知 $A=B\cup C$，且 $B\cap C=\varnothing$，而事件 B 又可分解为两个事件：B_1 为恰好到达一个顾客，B_2 为正在接受服务的顾客未结束服务，于是，有

$$P(B)=P(B_1B_2)=P(B_1)P(B_2)=[\lambda\Delta t+o(\Delta t)][1-\mu\Delta t+o(\Delta t)]=\lambda\Delta t+o(\Delta t)$$

所以

$$P(A)=P(B\cup C)=P(B)+P(C)=\lambda\Delta t+o(\Delta t)+o(\Delta t)=\lambda\Delta t+o(\Delta t)$$

另两式类似可证。

(5) 系统的稳定概率。

可计算稳态概率 $p_n,n=0,1,2,\cdots$：

$$p_n=\frac{\lambda_{n-1}\lambda_{n-2}\cdots\lambda_0}{\mu_n\mu_{n-1}\cdots\mu_1}p_0=\left(\frac{\lambda}{\mu}\right)^n p_0,\quad n=0,1,2,\cdots \tag{6-21}$$

令 $\rho=\dfrac{\lambda}{\mu}$，当 $\rho<1$ 时，求得 p_0 为

$$p_0=\left[1+\sum_{n=1}^{\cdots}\rho^n\right]^{-1}=1-\rho \tag{6-22}$$

式中，p_0 是系统无人的概率；ρ 是系统忙的概率，一般称为服务强度。

2. 系统的运行指标

(1) 系统中顾客数的期望值 L。令 N 表示统计平衡时在系统的顾客数，则

$$L=E(N)=\sum_{n=0}^{\cdots}np_n=\sum_{n=0}^{\cdots}n\rho^n(1-\rho)=\sum_{n=0}^{\cdots}n\rho^n-\sum_{n=0}^{\cdots}(n+1)\rho^{n-1}+\sum_{n=0}^{\cdots}\rho^{n+1}=\frac{\rho}{1-\rho}$$

即

$$L=\frac{\rho}{1-\rho}=\frac{\lambda}{\mu-\lambda} \tag{6-23}$$

(2) 排队等待的顾客数的期望值 L_q。令 N_q 表示统计平衡时排队等待的顾客数，则

$$L_q=E(N_q)=\sum_{n=1}^{\cdots}(n-1)p_n=\sum_{n=1}^{\cdots}np_n-\sum_{n=1}^{\cdots}p_n$$

注意到 L 的计算结果及 $\sum\limits_{n=0}^{\cdots}p_n=1$，得

$$L_q=\frac{\rho^2}{1-\rho}=\frac{\lambda^2}{\mu(\mu-\lambda)} \tag{6-24}$$

服务台有忙、闲两种情况，相应的概率为 ρ 和 $1-\rho$，用 L_q 表示正在接受服务的人数的期望值，则

$$L=1\times\rho+0\times(1-\rho)=\rho$$

联系式(6－23)和式(6－24)，得

$$L=L_q+\rho \tag{6-25}$$

(3) 顾客排队等待时间的期望值 W_q。当一个顾客到达时，他发现系统中已有 n 个顾客，他排队等待的时间就是这 n 个顾客服务时间的和，由于服务时间服从同指数分布，参数为 μ，则每

位顾客所需的平均服务时间为$\frac{1}{\mu}$。因此，他要等待的时间为$\frac{n}{\mu}$，不管正在接受服务的顾客已经用了多长时间，由负指数分布的无记忆性，剩余的时间仍服从同指数分布。故

$$W_q=\sum_{n=0}^{\infty}\frac{n}{\mu}p_n=\frac{1}{\mu}\sum_{n=0}^{\infty}np_n=\frac{1}{\mu}\cdot\frac{\rho}{1-\rho}=\frac{\lambda}{\mu(\mu-\lambda)} \tag{6-26}$$

(4) 顾客在系统中全部逗留时间的期望值 W。顾客平均在系统的全部时间，应该是排队的时间加上接受服务时间$\frac{1}{\mu}$，因此

$$W=W_q+\frac{1}{\mu}=\frac{1}{\mu-\lambda} \tag{6-27}$$

(5) 闲期的平均长度 I。闲期是指系统状态由 0 开始到变成 1 为止的时间长度，与闲期对应的是忙期，指顾客到达空闲的服务系统起到系统再次变为空闲为止的一段时间，闲期和忙期交替出现，可不加证明地给出 I 的计算公式：

$$I=\frac{1}{\lambda} \tag{6-28}$$

(6) 忙期的平均长度 B。因为忙的概率为 ρ，闲的概率为 $1-\rho$，所以由

$$\frac{B}{I}=\frac{\rho}{1-\rho}$$

可得

$$B=\frac{1}{\mu-\lambda} \tag{6-29}$$

(7) 顾客等待时间 ω_q 大于 t 的概率为

$$P(\omega_q>t)=\rho e^{-(\mu-\lambda)t},\quad t\geqslant 0$$

(8) 顾客在系统逗留时间 ω 大于 t 的概率为

$$P(\omega>t)=e^{-(\mu-\lambda)t},\quad t\geqslant 0$$

3. 用状态转移图求系统稳态概率

对 $M/M/1$ 模型，状态转移图如图 6-5 所示。

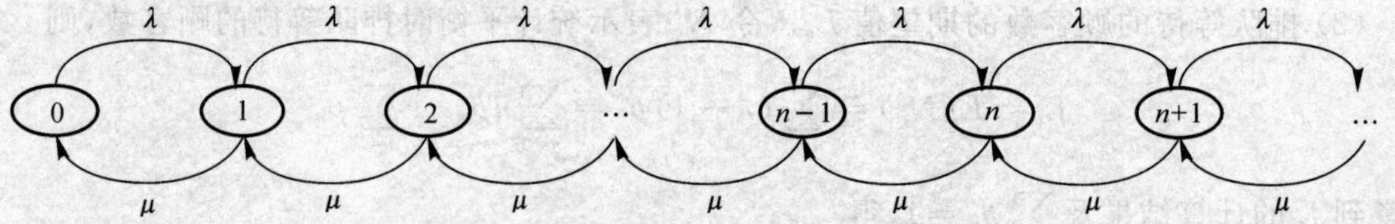

图 6-5

平衡方程为

$$\lambda p_{n-1}+\mu p_{n+1}=(\lambda+\mu)p_n,\quad n\geqslant 1 \tag{6-30}$$

$$\lambda p_0=\mu p_1 \tag{6-31}$$

在式(6-30)中令 $n=1$，得 $p_2=\frac{\lambda}{\mu}p_1$，故

$$p_2=\left(\frac{\lambda}{\mu}\right)^2 p_0$$

类似地，可得

$$p_n=\left(\frac{\lambda}{\mu}\right)^n p_0,\quad n=1,2,\cdots \tag{6-32}$$

当 $\rho=\frac{\lambda}{\mu}<1$ 时，式(6－32)两边求和，因为 $\sum_{n=0}^{\cdots} p_n=1$，得

$$1-p_0=p_0\sum_{n=1}^{\cdots}\rho^n$$

所以

$$p_0=\left[1+\sum_{n=1}^{\cdots}\rho^n\right]=1-\rho \tag{6-33}$$

4. 指标之间的关系

经简单验算可知，L 与 W，L_q 与 W_q 有下述关系：

$$L=\lambda W \tag{6-34}$$

$$L_q=\lambda W_q \tag{6-35}$$

这就是著名的里特(J. D. C. Little)公式，对于本书的其他排队模型，里特公式仍然成立，只不过当状态 n 不同，顾客的到达率 λ_n 也不相同时，由公式

$$\lambda_e=\sum_{n=0}^{\cdots}\lambda_n p_n \tag{6-36}$$

计算有效(或实际)到达率，用 λ_e 取代式(6－34)和式(6－35)中的 λ。

里特公式有一个直观的解释，考虑一个刚开始接受服务的顾客，他发现，在他后面排队等待的顾客数为 L_q，这时顾客应是在他等待的这段时间 W_q 内以速率 λ 到达的，所以有 $L_q=\lambda W_q$。

类似地，对于一个刚结束服务的顾客来说，当他离开系统时，他发现留在系统的顾客数为 L，这些顾客应是他在系统逗留的 W 时间内以速率 λ 到达的，所以 $L=\lambda W$。

第二节　机场作战能力计算问题

机场是导弹打击的目标之一。对机场进行打击，其目的是降低机场的作战能力，机场作为空中作战力量进行空中作战和军事训练的重要依托，其主要任务是保障所驻航空兵部队具有高度的战斗准备和生存能力，随时进行机动、训练和作战，其用途是保障飞机的起降，其作战能力主要体现在单位时间内保障飞机起降的架次。通过对机场进行分析，一架飞机的起降主要受飞行场地、飞行指挥设施、飞机停放设施的影响，这三大类设施即为机场终端区设施。机场终端区流量与机场附近空域及飞机飞行和交通管制特征密切相关，因此，首先要对机场终端区进行特征分析，其次给出其流量计算数学模型。

一、机场终端区特征分析

通过对机场附近空域及飞行和交通管制分析，可概括如下的一些特征：

(1) 受飞机、机场航线状态和天气等诸多不确定因素的影响，各飞机的降落或要求起飞的时间为随机变量并相互独立。

(2) 飞机起降受飞机载重、飞机本身性能、速度、升降梯度以及收到许可指令时飞机所处位置等随机因素的影响，而过渡高度层、程序飞行航线、跑道等相对固定，这样安排每架飞机起

降所用时间相互独立,且接近同分布。

(3) 安排一架飞机起降时,其他请求起降的飞机只能排队等候(在空中或地面),顺序起降。

(4) 按照优先安排着陆飞机的原则,有飞机在机场上空等待降落的情况时,一般不考虑起飞的请求,而优先安排着陆飞机,在滑行道上向跑道滑行的起飞飞机将在跑道头外侧等待。

(5) 可知机场管制区上空等待高度层数量、起落航线高度数量和机场管制室规定管制的飞机架次。

假设机场管制室规定最多管制8架飞机,这样机场终端区内着陆队列可用$N=7$个等待席位进行描述(跑道上的飞机仍需管制)。同时,降落飞机一般从滑行道进入停机坪,但由于作战需要降落,飞机也可直接进入飞机掩体或者飞机洞库中,同时起飞飞机也可以从飞机掩体或飞机洞库直接进入跑道起飞。因此,机场终端区起飞飞机队列可用数量等于停机坪、飞机掩体、飞机洞库的容量之和(用地面等待席位表示)。

通过特征分析可知,机场终端区内数量为i的飞机等待起降(包括正在起降)事件出现的概率和一架飞机起降的平均等待时间,由此可计算出一定时间内机场能起降飞机的架次。下面给出其计算数学模型。

二、机场终端区流量计算数学模型

通过特征分析,机场终端区域的管制与排队论中泊松分布、负指数分布、单服务台等待制排队系统特征极为相似,因此可以用排队系统来分析机场终端区域的管制情况。

因起飞和降落占用的时间分布基本相同,同时考虑起飞飞机管制受着陆状况的影响,于是机场终端区在空中交通管制下的运作可以用图6-6所描述的排队系统进行分析。

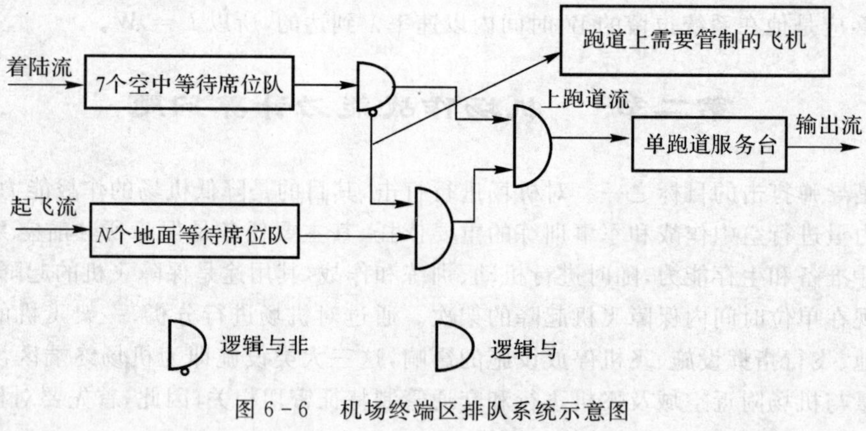

图6-6 机场终端区排队系统示意图

当在t时刻机场终端区有i架着陆飞机和j架起飞飞机时,称系统t时刻的状态$N(t)=(i,j)$。当机场停机坪、飞机掩体、飞机洞库的容量为N时,系统的状态空间为$\{(i,j),i=1,2,\cdots,7;j=1,2,\cdots,N\}$。令机场终端区着陆和起飞飞机的强度分别为$\lambda_1$和$\lambda_2$,机场跑道的服务强度为$\mu$,系统在$t$时刻处于状态$(i,j)$的概率为$P_{i,j}(t)$,由于在现有$t$时刻的状态下,$N(t)$将来的状态只与$t$时刻的状态有关,而与$t$时刻前的状态无关,因此状态$N(t)$的变化具有马尔可夫性。

通过分析,系统的状态转移方程为

$$\left.\begin{aligned}
&P_{0,0}(t+\Delta t)=(1-\lambda_1\Delta t-\lambda_2\Delta t)P_{0,0}(t)+\mu\Delta t[P_{1,0}(t)+P_{0,1}(t)]+o(\Delta t)\\
&P_{i,0}(t+\Delta t)=\lambda_1\Delta tP_{i-1,0}(t)+(1-\lambda_1\Delta t-\lambda_2\Delta t-\mu\Delta t)P_{i,0}(t)+\mu\Delta tP_{i+1,0}(t)+o(\Delta t)\\
&P_{0,j}(t+\Delta t)=\lambda_2\Delta tP_{0,j-1}(t)+(1-\lambda_1\Delta t-\lambda_2\Delta t-\mu\Delta t)P_{0,j}(t)+\\
&\qquad\mu\Delta t[P_{1,j}(t)+P_{0,j+1}(t)]+o(\Delta t)\\
&P_{i,j}(t+\Delta t)=\lambda_1\Delta tP_{i-1,j}(t)+\lambda_2\Delta tP_{i,j-1}(t)+(1-\lambda_1\Delta t-\lambda_2\Delta t-\mu\Delta t)P_{i,j}(t)+\\
&\qquad\mu\Delta tP_{i+1,j}(t)+o(\Delta t)
\end{aligned}\right\}\tag{6-37}$$

式(6-37)移项后除以Δt,再令$\Delta t\to 0$取极限可得微分方程组。可以证明状态概率的极限解$P_{i,j}$存在[5],并与初始条件无关,且$\{P_{i,j}\}$构成一概率分布。于是得到线性方程组:

$$\left.\begin{aligned}
&-(\lambda_1+\lambda_2)P_{0,0}+\mu P_{1,0}+\mu P_{0,1}=0\\
&\lambda_1 P_{i-1,0}-(\lambda_1+\lambda_2+\mu)P_{i,0}+\mu P_{i+1,0}=0,\quad i>0\\
&\lambda_2 P_{0,j-1}-(\lambda_1+\lambda_2+\mu)P_{0,j}+\mu P_{1,j}+\mu P_{0,j+1}=0,\quad j>0\\
&\lambda_1 P_{i-1,j}+\lambda_2 P_{i,j-1}-(\lambda_1+\lambda_2+\mu)P_{i,j}+\mu P_{i+1,j}=0,\quad i,j>0
\end{aligned}\right\}\tag{6-38}$$

同时利用概率的性质,得

$$\sum_{i,j=0}^{\infty}P_{i,j}=1\tag{6-39}$$

可以获得方程组式(6-38)的解,系统有i架飞机着陆的概率,以及有j架起飞飞机的概率为

$$\left.\begin{aligned}
&P_{i.}=\sum_{j=0}^{\infty}P_{i,j},\quad i=1,2,\cdots,7\\
&P_{j.}=\sum_{i=0}^{\infty}P_{i,j},\quad j=1,2,\cdots,N
\end{aligned}\right\}\tag{6-40}$$

因着陆飞机有占用跑道的优先权,而受起飞飞机的影响很小,因此,着陆飞机的空中等待(延误)的平均时间可以用7个等待席位的$M/M/1$混合制排队系统的平均等待时间式(6-41)来近似计算:

$$E_w^{\mathrm{I}}=\frac{\bar{Q}_w^{\mathrm{I}}}{k}=\sum_{i=1}^{7}iP_{.\,i+1}\Big/\lambda\tag{6-41}$$

其中,$\bar{Q}_w^{\mathrm{I}}$为着陆飞机等待队列飞机数。

而起飞飞机的地面等待(延误)的平均时间受着陆飞机的影响,在其等待时间内不仅要安排在它之前的着陆和起飞飞机,还要安排完在等待时间内到来的着陆飞机。因而有

$$E_w^{\mathrm{II}}=\frac{\bar{Q}_w^{\mathrm{I}}+\bar{Q}_w^{\mathrm{II}}+\lambda_1 E_w^{\mathrm{II}}}{\mu}\tag{6-42}$$

其中,$\bar{Q}_w^{\mathrm{II}}$为起飞飞机等待队列飞机数。

由(6-42)可以导出

$$E_w^{\mathrm{II}}=\frac{\bar{Q}_w^{\mathrm{I}}+\bar{Q}_w^{\mathrm{II}}}{\mu-\lambda_1}=\frac{\left(\sum_{i=1}^{7}iP_{.\,i+1}+\sum_{j=1}^{N}jP_{.\,j+1}\right)}{(\mu-\lambda_1)}$$

由此,可以算得起飞飞机和降落飞机的等待时间,从而可以算得一定时间内机场的起降飞机的架次,即机场终端区流量。

第七章　图论及应用

第一节　图论基本原理

图论是应用十分广泛的运筹学分支，它已广泛地应用在物理学、化学、控制论、信息论、科学管理、电子计算机等各个领域。在实际生活、生产和科学研究中，有很多问题可以用图论的理论和方法来解决。例如，在组织生产中，为完成某项生产任务，各工序之间怎样衔接，才能使生产任务完成得既快又好。一个邮递员送信，要走完他负责投递的全部街道，完成任务后回到邮局，应该按照怎样的路线走，所走的路程最短。再例如，各种通信网络的合理架设，交通网络的合理分布等问题，应用图论的方法求解，都很简便。欧拉在 1736 年发表图论方面的第一篇论文，解决了著名的哥尼斯堡七桥问题。哥尼斯堡城中有一条河叫普雷格尔河，该河中有两个岛，河上有七座桥，如图 7-1(a)所示。

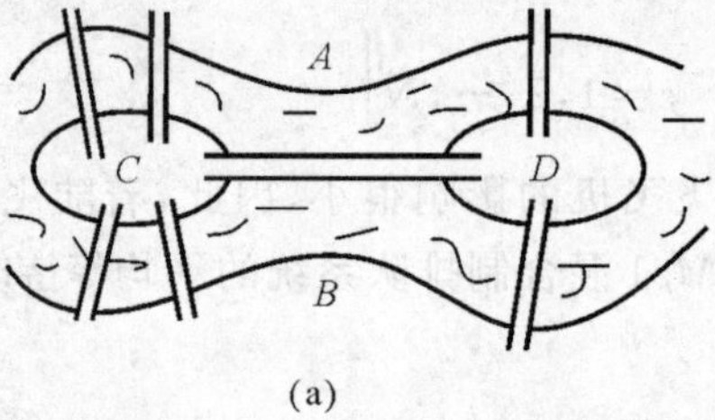

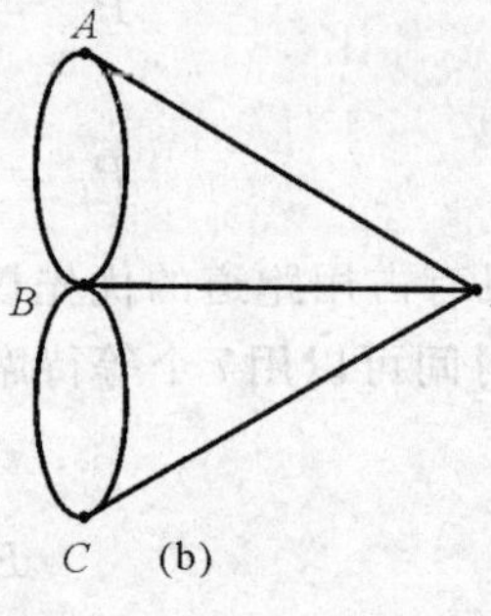

图　7-1

当时那里的居民热衷于这样的问题：一个散步者能否走过七座桥，且每座桥只走过一次，最后回到出发点。

1736 年，欧拉将此问题归结为如图 7-1(b)所示图形的一笔画问题。即能否从某一点开始一笔画出这个图形，最后回到原点，而不重复。欧拉证明了这是不可能的，因为图 7-1(b)所示中的每个点都只与奇数条线相关联，不可能将这个图不重复地一笔画成，这是古典图论中的一个著名问题。

随着科学技术的发展以及电子计算机的出现与广泛应用，20 世纪 50 年代，图论的理论得到进一步发展，将庞大复杂的工程系统和管理问题用图描述，可以解决很多工程设计和管理决策的最优化问题，例如，完成工程任务的最少时间、最短距离、最省费用等。图论受到数学、工程技术及经营管理等各个方面越来越广泛的重视。

一、图的基本概念

在实际生活中，人们为了反映一些对象之间的关系，常常在纸上用点和线画出各种各样的示意图。

例 7-1　如图 7-2 所示是我国北京、上海等 10 个城市间的铁路交通图，其反映了这 10 个城市间的铁路分布情况。这里用点代表城市，用点和点之间的连线代表这两个城市之间的铁路线。诸如此类的还有电话线分布图、煤气管道图、航空线图等等。

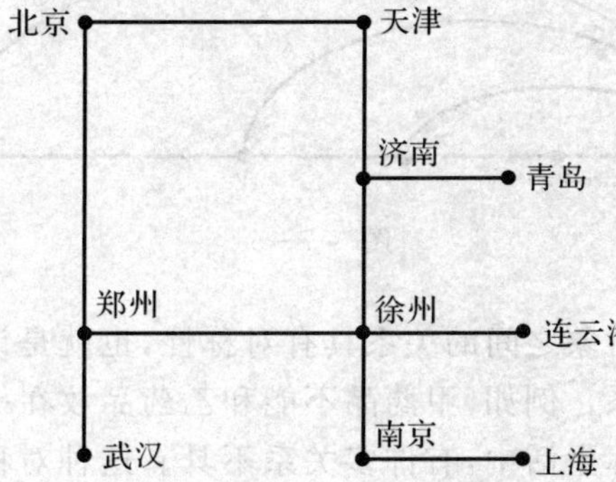

图　7-2

例 7-2　有甲、乙、丙、丁、戊 5 个球队，它们之间比赛的情况，也可以用图表示出来。已知甲队和其他各队都比赛过一次，乙队和甲、丙队比赛过，丙队和乙、丁队比赛过，丁队和丙、戊队比赛过，戊队和甲、丁队比赛过。为了反映这个情况，可以用点 v_1, v_2, v_3, v_4, v_5 分别代表这 5 个队，某两个队之间比赛过，就在这两个队所相应的点之间连一条线，这条线不过其他的点，如图 7-3 所示。

例 7-3　某单位储存 8 种化学药品，其中某些药品是不能存放在同一个库房里的。为了反映这个情况，可以用点 $v_1, v_2, \cdots, v_8$ 分别代表这 8 种药品，若药品 v_i 和药品 v_j 不能存放在同一个库房，则在 v_i 和 v_j 之间连一条线。如图 7-4 所示，从这个图中可以看到，至少要有 4 个库房，因为 v_1, v_2, v_5, v_8 必须存放在不同的库房里。事实上，四个库房就足够了，例如 $[v_1]$，$[v_2, v_4, v_7]$，$[v_3, v_5]$，$[v_6, v_8]$ 各存放在一个库房里。这一类寻求库房的最少个数问题，属于图论中所谓染色问题，一般情况下是尚未解决的。

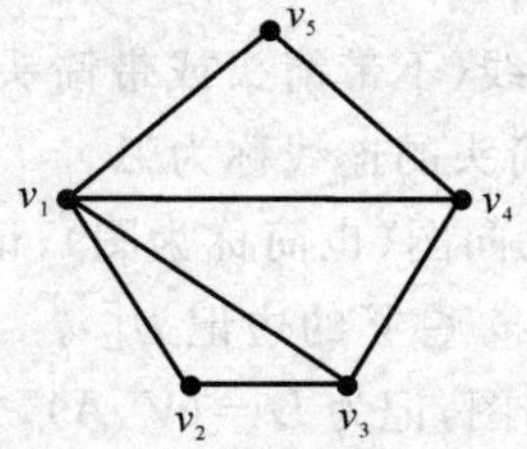

图　7-3

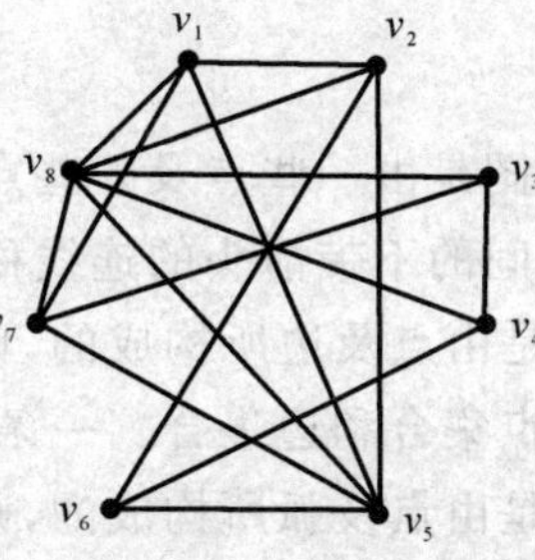

图　7-4

从以上几个例子可见，可以用由点及点与点的连线所构成的图，去反映实际生活中某些对象之间的某个特定的关系。通常用点代表研究的对象（如城市、球队、药品等），用点与点的连线表示这两个对象之间有特定的关系(如两个城市间有铁路线、两个球队比赛过、两种药品不能存放在同一个库房里等)。

因此,可以说图是反映对象之间关系的一种工具,在一般情况下,图中点的相对位置如何,点与点之间连线的长短曲直,对于反映对象之间的关系并不是重要的。如例 7-2,也可以用如图 7-5 所示的图去反映 5 个球队的比赛情况,这与图 7-3 没有本质的区别。因此,图论中的图与几何图、工程图等是不同的。

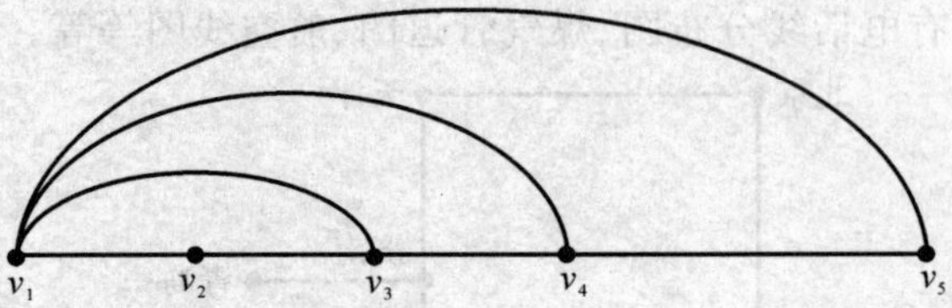

图 7-5

前面几个例子中涉及的对象之间的关系具有对称性,也就是说,如果甲与乙有这种关系,那么同时乙也与甲有这种关系。例如,甲药品不能和乙药品放在一起,那么,乙药品当然也不能和甲药品放在一起。在实际生活中,有许多关系不具有这种对称性。比如人们之间的认识关系,甲认识乙并不意味着乙也认识甲。比赛中的胜负关系也是这样,甲胜乙和乙胜甲是不同的。反映这种非对称的关系,只用一条连线就不行了。如例 7-2,如果人们关心的是 5 个球队比赛的胜负情况,那么从图 7-3 所示中就看不出来了。为了反映这一类关系,可以用一条带箭头的连线表示。例如,球队 v_1 胜了球队 v_2,可以从 v_1 引一条带箭头的连线到 v_2。如图 7-6 所示反映了 5 个球队比赛的胜负情况,可见 v_1 三胜一负,v_4 打了三场球全负等。类似胜负这种非对称性的关系,在生产和生活中是常见的,如交通运输中的单行线、部门之间的领导与被领导的关系、一项工程中各工序之间的先后关系等。

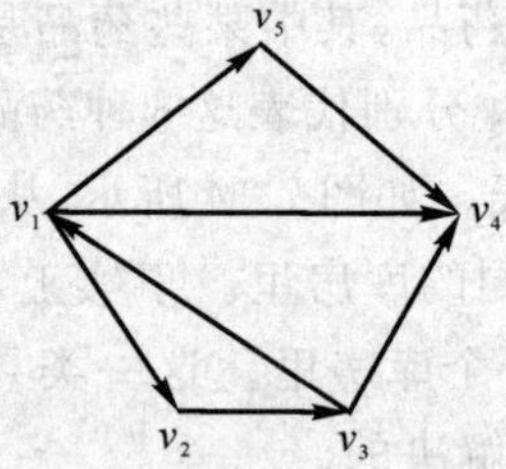

图 7-6

综上所述,一个图是由一些点及一些点之间的连线(不带箭头或带箭头)所组成的。为了区别起见,把两点之间的不带箭头的连线称为边,带箭头的连线称为弧。

如果一个图 G 是由点及边所构成的,则称之为无向图(也简称为图),记为 $G=(V,E)$,式中 V,E 分别是 G 的点集合和边集合。一条连接点 $v_i,v_i\in V$ 的边记为$[v_i \quad v_j]$(或$[v_i \quad v_j]$)。

如果一个图 D 是由点及弧所构成的,则称为有向图,记为 $D=(V,A)$,式中 V,A 分别表示 D 的点集合和弧集合。一条方向是从 v_i 指向 v_j 的弧记为$(v_i \quad v_j)$。

如图 7-7 所示是一个无向图,图 7-8 所示是一个有向图。图 7-7 中

$$V=[0 \quad V_2 \quad V_3 \quad V_4],\quad E=[e_1 \quad e_2 \quad e_3 \quad e_4 \quad e_5 \quad e_6]$$

其中,$e_1=[v_1 \quad v_2]$,$e_2=[v_1 \quad v_2]$,,$e_3=[v_2 \quad v_3]$,$e_4=[v_3 \quad v_4]$,$e_5=[v_1 \quad v_4]$,$e_6=[v_1 \quad v_3]$。

图 7－8 中

$$V=[v_1 \quad v_2 \quad v_3 \quad v_4], \quad A=[a_1 \quad a_2 \quad a_3 \quad a_4 \quad a_5 \quad a_6 \quad a_7]$$

其中

$$a_1=(v_1 \quad v_2), \quad a_2=(v_1 \quad v_3) \quad a_3=(v_3 \quad v_2) \quad a_4=(v_3 \quad v_4)$$

$$a_5=(v_2 \quad v_4), \quad a_6=(v_4 \quad v_5) \quad a_7=(v_4 \quad v_6) \quad a_8=(v_5 \quad v_3)$$

$$a_9=(v_5 \quad v_4), \quad a_{10}=(v_5 \quad v_6) \quad a_{11}=(v_5 \quad v_7)$$

图 G 或图 D 中的点数记为 $p(G)$ 或 $p(D)$，边（弧）数记为 $q(G)(q(D))$。在不会引起混淆的情况下，也分别简记为 p 和 q。

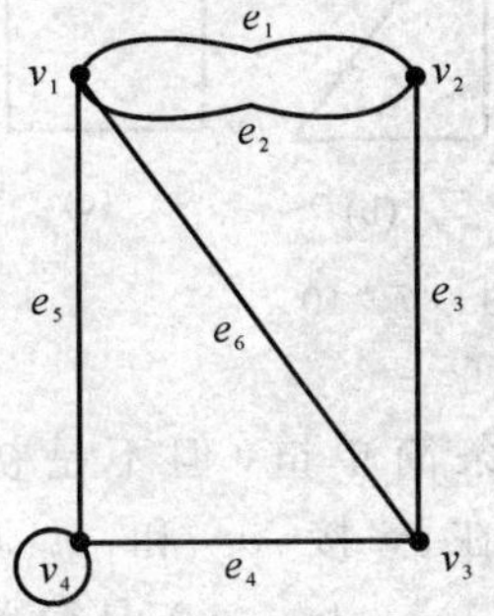

图　7－7

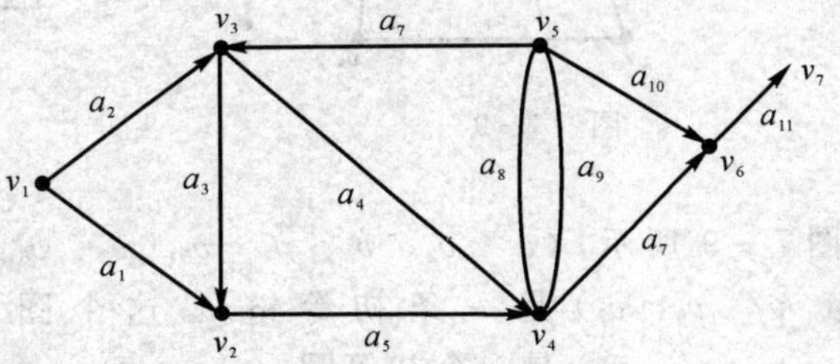

图　7－8

下面介绍常用的一些名词和记号，先考虑无向图 $G=(V,E)$。

若边 $e=(u,v)\in E$，则称 u,v 是 e 的端点，也称 u,v 是相邻的。称 e 是点 u（及点 v）的关联边。若图 G 中，某个边的两个端点相同，则称 e 是环（如图 7－7 所示中的 e），若两个点之间有多于一条的边，称这些边为多重边（如图 7－7 所示中的 e_1e_2）。一个无环无多重边的图称为简单图，一个无环但允许有多重边的图称为多重图。

以点 v 为端点的边的个数称为 v 的次，记为 $d_G(v)$ 或 $d(v)$。如图 7－7 中，$d(v_1)=4$，$d(v_2)=3$，$d(v_3)=3$，$d(v_4)=4$（环 e_7 在计算 $d(v_4)$ 时算作两次）。

称次为 1 的点为悬挂点，悬挂点的关联边称为悬挂边，次为零的点称为孤立点。

定理 7－1　图 $G=(V,E)$ 中，所有点的次之和是边数的两倍，即

$$\sum_{v\in V} d(v)=2q$$

这是显然的，因为在计算各点的次时，每条边被它的端点各用了一次。次为奇数的点，称为奇点，否则称为偶点。

定理 7－2　任一个图中，奇点的个数为偶数。

证明　设 V_1 和 V_3 分别是 G 中奇点和偶点的集合，由定理 7－1，有

$$\sum_{v\in V_1} d(v)+\sum_{v\in V_2} d(v)=\sum_{v\in V} d(v)=2q$$

因 $\sum\limits_{v\in V} d(v)$ 是偶数，$\sum\limits_{v\in V_2} d(v)$ 也是偶数，故 $\sum\limits_{v\in V_1} d(v)$ 必然也是偶数，从而 V_1 的点数是偶数。

给定一个图 $G=(V,E)$，一个点、边的交错序列 $(v_{i_1}, e_{i_1}, e_{i_2}, \cdots, v_{i_{k-1}} e_{i_{k-1}}, v_{i_k})$，如果满足 $e_{i_1}=[v_{i_t}, v_{i_{t+1}}](t=1,2,\cdots,k-1)$，则称之为一条连接 v_{i_1} 和 v_{i_2} 的链，记为 $(v_{i_1}, v_{i_2}, \cdots, v_{i_k})$，有

时称点 $v_{i_1}, v_{i_2}, \cdots, v_{i_k}$ 为链的中间点。

链$(v_{i_1}, v_{i_2}, \cdots, v_{i_k})$中，若 $v_{i_1}=v_{i_k}$，则称之为一个圈，记为$(v_{i_1} \quad v_{i_2} \quad \cdots \quad v_{i_k} \quad v_{i_1})$。若链$(v_{i_1}, v_{i_2}, \cdots, v_{i_k})$中，点 $v_{i_1}, v_{i_2}, \cdots, v_{i_k}$ 都是不同的，则称之为初等链；若圈$(v_{i_1} \quad v_{i_2} \quad \cdots \quad v_{i_k} \quad v_{i_1})$中，点 $v_{i_1}, v_{i_2}, \cdots, v_{i_k}$ 都是不同的，则称之为初等圈；若链(圈)中含的边均不相同，则称之为简单圈。以后说到的链(圈)，除非特别交代，均指初等链(圈)。

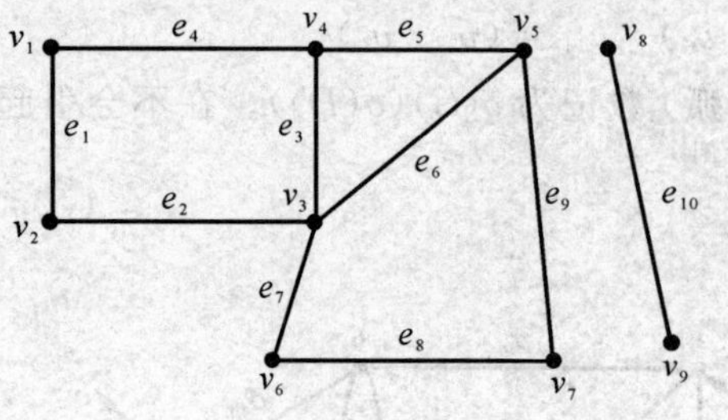

图 7-9

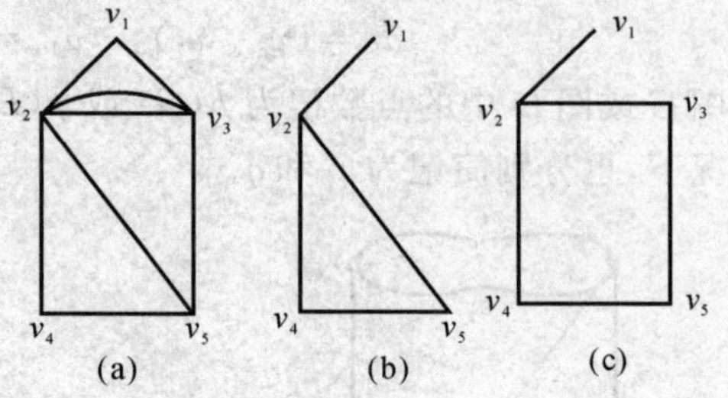

图 7-10

如图 7-9 所示，$(v_1 \quad v_2 \quad v_3 \quad v_4 \quad v_5 \quad v_3 \quad v_6 \quad v_7)$ 是一条简单链，但不是初等链，$(v_1 \quad v_2 \quad v_3 \quad v_6 \quad v_7)$ 是一条初等链。这个图中，不存在连接 v_1 和 v_9 的链。$(v_1 \quad v_2 \quad v_3 \quad v_4 \quad v_1)$ 是一个初等圈，$(v_4 \quad v_1 \quad v_2 \quad v_3 \quad v_5 \quad v_7 \quad v_6 \quad v_3 \quad v_4)$ 是简单圈，但不是初等圈。

图 G 中，若任何两个点之间至少有一条链，则称 G 是连通图，否则称为不连通图。若 G 是不连通图，它的每个连通的部分称为 G 的一个连通分图(也简称分图)。如图 7-9 所示是一个不连通图，它有两个连通分图。

给了一个图 $G=(V,E)$，如果图 $G'=(V',E')$，使 $V=V'$ 及 $E'=E$，则称 G' 是 G 的一个支撑子图。

设 $v \in V(G)$，用 $G-v$ 表示从图 B 中去掉点 v 及 v 的关联边后得到的一个图。

若 G 如图 7-10(a) 所示，则 $G-v_3$ 如图 7-10(b) 所示。图 7-10(c) 所示是图 G 的一个支撑子图。

现在讨论有向图的情形。设给定了一个有向图，$D=(V,E)$，从 D 中去掉所有弧上的箭头，就得到一个无向图，称之为 D 的基础图，记之为 $G(D)$。

给定 D 中的一条弧 $a=(\mu,v)$，称 μ 为 a 的始点，v 为 a 的终点，称弧 a 是从 μ 指向 v 的。

设$(v_{i_1}, a_{i_1}, v_{i_2}, a_{i_2}, \cdots, v_{i_{k-1}}, a_{i_{k-1}}, v_{i_k})$是 D 中的一个点弧交错序列，如果这个序列在基础图 $G(D)$ 中所对应的点边序列是一条链，则称这个点弧交错序列是 D 的一条链。类似定义圈和初等链(圈)。

如果$(v_{i_1}, a_{i_1}, v_{i_2}, a_{i_2}, \cdots, v_{i_{k-1}}, a_{i_{k-1}}, v_{i_k})$是 D 中的一条链，并且对 $t=1,2,\cdots,k-1$ 均有 $a_{i_t}=(\mu_i, v_{i_{t+1}})$，称之为从 v_{i_1} 到 v_{i_k} 的一条路。若路的第一个点和最后一点相同，则称之为回路。类似定义初等路(回路)。

例如图 7-8 中，$(v_1, (v_1, v_3), v_3, (v_3, v_4), v_4, (v_4, v_6), v_6)$ 是从 v_1 到 v_6 的回路，$(v_1, (v_1, v_3), v_3, (v_5, v_3), v_5 (v_5, v_6), v_6)$ 是一条链，但不是回路。

对无向图，链与路(圈与回路)这两个概念是一致的。

类似于无向图，可定义简单有向图、多重有向图，如图 7-8 所示是一个简单的有向图。以后除特别交代外，说到图(有向图)均指简单图(简单有向图)。

二、树

1. 树及其性质

在各式各样的图中，有一类图是极其简单然而却是很有用的，这就是树。

例 7-4　已知有5个城市，要在它们之间架设电话线，要求任何两个城市都可以互相通话（允许通过其他城市），并且电话线的根数最少。

用 5 个点（v_1, v_2, v_3, v_4, v_5）代表 5 个城市，如果在某两个城市之间架设电话线，则在相应的两个点之间连一条边，这样一个电话线网就可以用一个图来表示。首先为了使任何两个城市都可以通话，这样的图必须是连通的。其次，若图中有圈的话，从圈上任意去掉一条边，余下的图仍是连通的，这样可以省去一根电话线。因此，满足要求的电话线网所对应的图必定是不含圈的连通图。如图 7-11 所示代表了满足要求的一个电话线网。

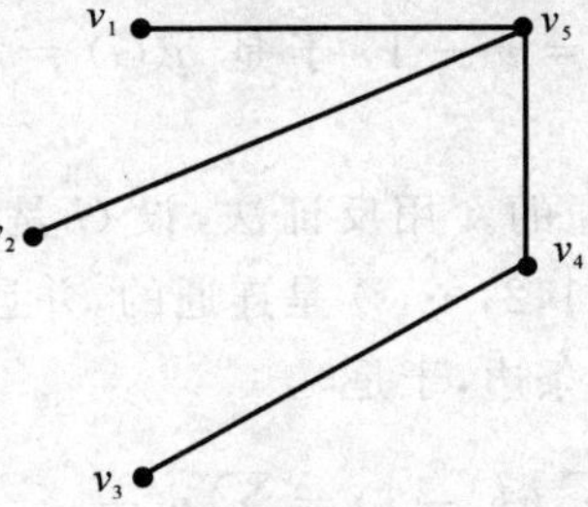

图　7-11

定义 7-1　一个无圈的连通图称为树。

例 7-5　某工厂的组织机构如图 7-12 所示。

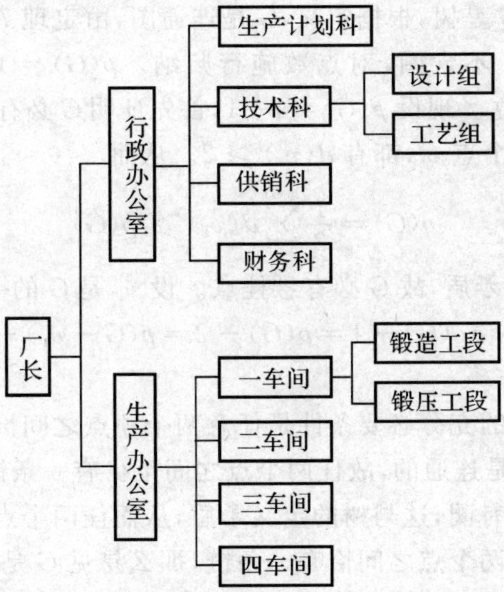

图　7-12

如果用图表示，该工厂的组织机构图就是一个树（见图 7-12）。

下面介绍树的一些重要性质。

定理 7-3　设图 $G=(V,E)$ 是一个树，$p(G)\geqslant 2$，则 G 中至少有两个悬挂点。

证明 令 $P=(v_1,v_2,\cdots,v_k)$ 是 G 中含边数最多的一条初等链，因 $p(G)\geqslant 2$，并且 G 是连通的，故链 P 中至少有一条边，从而 v_1 与 v_k 是不同的。现在来证明：v_1 是悬挂点，即 $d(v_1)=1$。用反证法，如果 $d(v_1)\geqslant 2$，则存在 $[v_1,v_m]$，使 $m\neq 2$。若点 v_m 不在 P 上，那么 $(v_m,v_1,v_2,\cdots,v_k)$ 是 G 中的一条初等链，它含的边数比 P 多一条，这与 P 是含边数最多的初等链矛盾。若点 v_m 在 P 上，那么 $(v_1,v_2,\cdots,v_m,v_1)$ 是 G 中的一个圈，这与树的定义矛盾。于是必有 $d(v_1)=1$，即 v_1 是悬挂点。同理可证 v_k 也是悬挂点，因而 G 至少有两个悬挂点。

定理 7-4 图 $G=(V,E)$ 是一个树的充分必要条件是 G 不含圈，且恰有 $p-1$ 条边。

证明 必要性 设 G 是一个树，根据定义，G 不含圈，故只要证明 G 恰有 $p-1$ 条边。对点数 p 施行数学归纳法。$p=1,2$ 时结论显然成立。

假设对点数 $p\leqslant n$ 时，结论成立。设树 G 含 $n+1$ 个点。由定理 7-2，G 含悬挂点，设 v_1 是 G 的一个悬挂点，考虑图 $G-v_1$，易见 $p(G-v_1)=n$，$q(G-v_1)=q(G)-1$。因 $G-v_1$ 是 n 个点的树，由归纳假设，$q(G-v_1)=n-1$，于是 $q(G)=q(G-v_1)+1=(n-1)+1=n=p(G)-1$。

充分性 只要证明 G 是连通的。用反证法，设 G 是不连通的，G 含 s 个连通分图 $G_1,G_2,\cdots,G_s(s\geqslant 2)$。因每个 $G_i(i=1,2,\cdots,s)$ 是连通的，并且不含圈，故每个 G_i 是树。设 G_i 有 p_i 个点，则由必要性，G_i 有 p_i-1 条边，于是

$$q(G)=\sum_{i=1}^{s}q(G_i)=\sum_{i=1}^{s}(p_i-1)=\sum_{i=1}^{s}p_i-s=p(G)-s\leqslant p(G)-2$$

这与 $q(G)=p(G)-1$ 的假设矛盾。

定理 7-5 图 $G=(V,E)$ 是一个树的充分必要条件是 G 是连通图，并且

$$q(G)=p(G)-1$$

证明 必要性 设 G 是树，根据定义，G 是连通图，由定理 7-4，$q(G)=p(G)-1$。

充分性 只要证明 G 不含圈，对点数施行归纳。$p(G)=1,2$ 时，结论显然成立。设 $p(G)=n(n\geqslant 1)$ 时结论成立。现设 $p(G)=n+1$，首先证明 G 必有悬挂点。若不然，因 G 是连通的，且 $p(G)\geqslant 2$，故对每个点 v_i，都有 $d(v_i)\geqslant 2$。从而

$$q(G)=\frac{1}{2}\sum_{i=1}^{p(G)}d(v_i)\geqslant p(G)$$

这与 $q(G)=p(G)-1$ 矛盾，故 G 必有悬挂点。设 v_1 是 G 的一个悬挂点，考虑 $G-v_1$，这个图仍是连通的，$q(G-v_1)=q(G)-1=p(G)-2=p(G-v_1)-1$，由归纳假设知 $G-v_1$ 不含圈，于是 G 也不含圈。

定理 7-6 图 G 是树的充分必要条件是任意两个顶点之间恰有一条链。

证明 必要性 因 G 是连通的，故任两个点之间至少有一条链。但如果某两个点之间有两条链的话，那么图 G 中含有圈，这与树的定义矛盾，从而任两个点之间恰有一条链。

充分性 设图 G 中任两个点之间恰有一条链，那么易见 G 是连通的。如果 G 中含有圈，那么这个圈上的两个顶点之间有两条链，这与假设矛盾，故 G 不含圈，于是 G 是树。

由这个定理，很容易推出如下结论：

(1) 从一棵树中去掉任意一条边，则余下的图是不连通的。

由此可知，在点集合相同的所有图中，树是含边数最少的连通图。这样例 7-4 中所要求的电话线网就是以这 5 个城市为点的一棵树。

(2) 在树中不相邻的两个点间添上一条边，则恰好得到一个圈。进一步地说，如果再从这个圈上任意去掉一条边，可以得到一棵树。

在图 7-11 中，添加$[v_2, v_1]$，就得到一个圈(v_1, v_2, v_5, v_1)，如果从这个圈中去掉一条边$[v_1, v_5]$，就得到如图 7-13 所示的树。

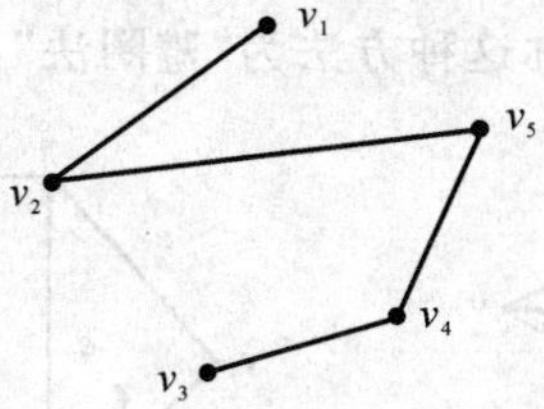

图　7-13

2. 图的支撑树

定义 7-2　设图 $G=(V, E')$ 是图 $G=(V, E)$ 的支撑子图，如果图 $T=(V, E')$ 是一个树，则称 T 是 G 的一个支撑树。

例如图 7-14(b) 是图 7-14(a) 所示图的一个支撑树。

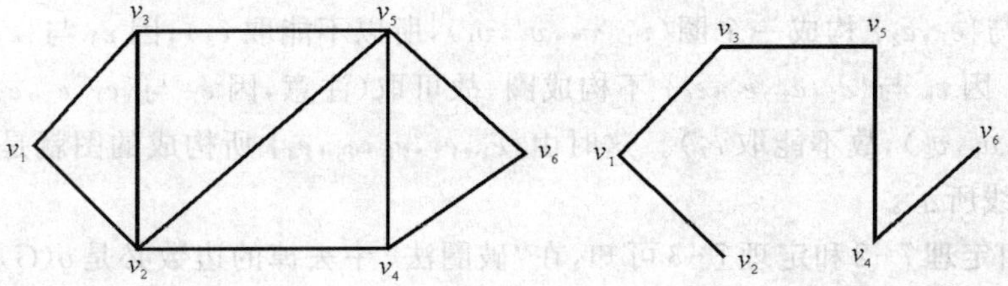

图　7-14

若 $T=(V, E')$ 是 $G=(V, E)$ 的一个支撑树，则显然，树 T 中边的个数是 $p(G)-1$，G 中不属于树 T 的边数是 $q(G)-p(G)+1$。

定理 7-7　图 G 有支撑树的充分必要条件是图 G 是连通的。

证明　必要性是显然的。

充分性　设图 G 是连通图，如果 G 不含圈，那么 G 本身是一个树，从而 G 是它自身的一个支撑树。现设 G 含圈，任取一个圈，从圈中任意地去掉一条边，得到图 G 的一个支撑子图 G_1。如果 G_1 不含圈，那么 G_1 是 G 的一个支撑树(因为易见 G_1 是连通的)；如果 G_1 仍含圈，那么从 G_1 中任取一个圈，从圈中再任意去掉一条边，得到图 G 的一个支撑子图 G_2。如此重复，最终可以得到 G 的一个支撑子图 G_k，它不含圈，于是 G_1 是 G 的一个支撑树。

定理 7-6 中充分性的证明，提供了一个寻求连通图的支撑树的方法，就是任取一个圈，从圈中去掉一边，对余下的图重复这个步骤，直到不含圈时为止，即得到一个支撑树，称这种方法为“破圈法”。

例 7-6　如图 7-15 所示，用破圈法求出图的一个支撑树。

解　取一个圈(v_1, v_2, v_3, v_1)，从这个圈中去掉边 $e_3=[v_2, v_3]$；在余下的图中，再取一个圈$(v_1, v_2, v_4, v_3, v_1)$，去掉边 $e_4=[v_2, v_4]$；在余下的图中，从圈(v_3, v_4, v_5, v_3) 中去掉边 $e_5=[v_5, v_3]$；再从圈$(v_1, v_2, v_5, v_4, v_3, v_1)$ 中去掉边 $e_8=[v_5, v_2]$。这时，剩余的图中不含圈，于是

得到一个支撑树，如图 7-15 中粗线所示。

也可以用另一种方法来寻求连通图的支撑树。在图中任取一条边 e_1，找一条与 e_1 不构成圈的边 e_2，再找一条与 $\{e_1,e_2\}$ 不构成圈的边 e_3，一般，设已有 $\{e_1,e_2,\cdots,e_k\}$，找一条与 $\{e_1,e_2,\cdots,e_k\}$ 中的任何一些边不构成圈的边 e_{k+1} 重复这个过程，直到不能进行为止。这时，由所有取出的边所构成的图是一个支撑树，称这种方法为“避圈法”。

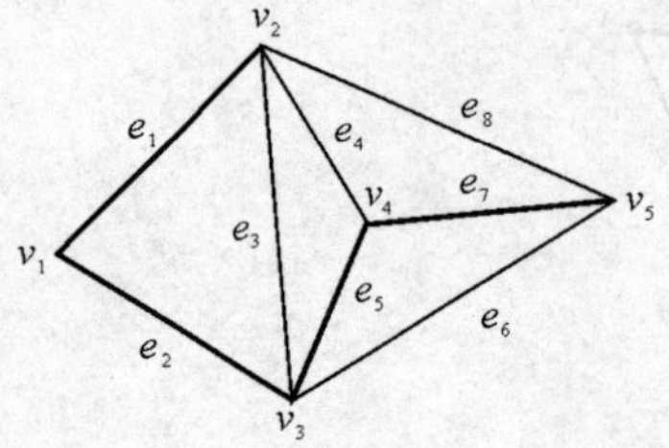

图 7-15

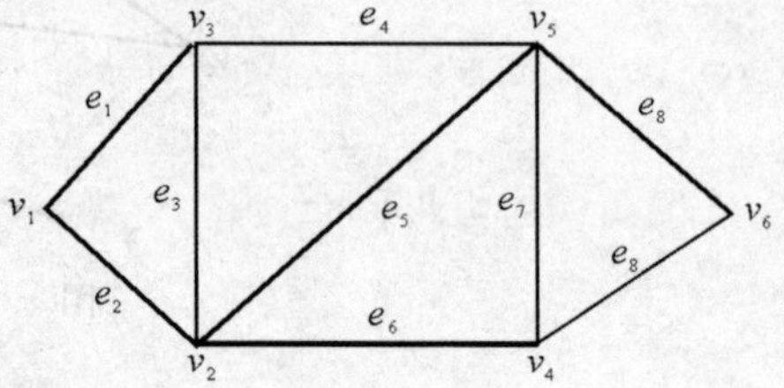

图 7-16

例 7-7 在图 7-16 中，用避圈法求出一个支撑树。

解 首先任取边 e_1，因 e_2 与 e_1 不构成圈，所以可以取 e_2，因为 e_5 与 $\{e_1,e_2\}$ 不构成圈，故可以取 e_5（因 e_3 与 $\{e_1,e_2\}$ 构成一个圈 (v_1,v_2,v_3,v_1)，所以不能取 e_3）；因 e_6 与 $\{e_1,e_2,e_3\}$ 不构成圈，故可取 e_6。因 e_8 与 $\{e_1,e_2,e_5,e_6\}$ 不构成圈，故可取（注意，因 e_7 与 $\{e_1,e_2,e_5,e_6\}$ 中的 e_5,e_6 构成圈 (v_2,v_5,v_1,v_2)，故不能取 e_7）。这时由 $\{e_1,e_2,e_5,e_6,e_8\}$ 所构成的图就是一个支撑树，如图 7-16 中粗线所示。

实际上，由定理 7-2 和定理 7-3 可知，在“破圈法”中去掉的边数必是 $q(G)-p(G)+1$ 条，在“避圈法”中取出的边数必定是 $p(G)-1$ 条。

3. 最小支撑树问题

定义 7-3 给图 $G=(V,E)$，对 G 中的每一条边 $[v_i,v_j]$，相应地有一个数 w_{ij}，则称这样的图 G 为赋权图，w_{ij} 称为边 $[v_i,v_j]$ 上的权。

这里所说的“权”，是指与边有关的数量指标，根据实际问题的需要，可以赋予它不同的含义，例如表示距离、时间、费用等。

赋权图在图的理论及其应用方面有着重要的地位。赋权图不仅指出各个点之间的邻接关系，而且同时也表示出各点之间的数量关系。因此，赋权图被广泛地应用于解决工程技术及科学生产管理等领域的最优化问题，最小支撑树问题就是赋权图上的最优化问题之一。

设有一个连通图 $G=(V,E)$，每一边 $e=[v_i,v_j]$ 有一个非负权 $w(e)=w_{ij}\ (w_{ij}\geqslant 0)$。

定义 7-4 如果 $T=(V,E')$ 是 G 的一个支撑树，称 E' 中所有边的权之和为支撑树 T 的权，记为 $w(T)$。即

$$w(T)=\sum_{[v_i,v_j]\in T} w_{ij}$$

如果支撑树 T^* 的权 $w(T^*)$ 是 G 的所有支撑树的权中最小者，则称 T^* 是 G 的最小支撑树（简称最小树）。即

$$w(T^*)=\min_T w(T)$$

最小支撑树问题就是要求 G 的最小支撑树。

假设给定一些城市，已知每对城市间交通线的建造费用。要求建造一个连接这些城市的

交通网，使总的建造费用最小，这个问题就是赋权图上的最小树问题。

下面介绍求最小树的两个方法。

方法一（避圈法 Kruskal）：开始选一条最小权的边，以后每一步中，总从未被选取的边中选一条权最小的边，并使之与已选取的边不构成圈（每一步中，如果有两条或两条以上的边都是权最小的边，则从中任选一条）。

算法的具体步骤如下：

第一步：令 $i=1, E_0=\varnothing$，$\varnothing$ 表示空集。

第二步：选一条边 $e_i \in E \backslash E_i$，使 e_i 是使 $(V, E_{i-1} \cup \{e\})$ 不含圈的所有边 $e(e \in E \backslash E_i)$ 中权最小的边。如果这样的边不存在，则 $T=(V, E_{k-1})$ 是最小树。

第三步：把 i 换成 $i+1$，转入第二步。

在证明这个方法的正确性之前，先介绍一个例子。

例 7-8　某工厂内连接六个车间的道路网如图 7-17(a) 所示。已知每条道路的长，要求沿道路架设连接 6 个车间的电话线网，使电话线的总长最小。

解　这个问题就是要求如图 7-17(a) 所示的赋权图上的最小树。

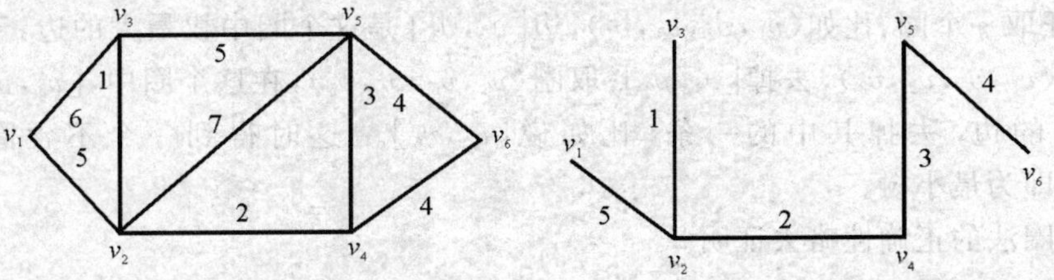

(a)　　(b)

图　7-17

用避圈法求解。

$i=1, E_0=\varnothing$。从 E 中选最小权边 $[v_2, v_3]$，$E_1=\{[v_2, v_3]\}$；

$i=2$，从 $E \backslash E_i$ 中选最小权边 $[v_2, v_4]$（$[v_2, v_4]$ 和 $[v_2, v_3]$ 不构成圈），$E_2=\{[v_2, v_3], [v_2, v_4]\}$；

$i=3$，从 $E \backslash E_2$ 中选 $[v_4, v_5]$（$(V, E_2 \cup \{[v_2, v_4]\})$ 不含圈），令 $E_3=\{[v_2, v_3], [v_2, v_4], [v_4, v_5]\}$；

$i=4$，从 $E \backslash E_3$ 中选 $[v_5, v_6]$（或选 $[v_4, v_6]$）（$(V, E_3 \cup \{[v_5, v_6]\})$ 不含圈），令 $E_4=\{[v_2, v_3], [v_2, v_4], [v_4, v_5], [v_5, v_6]\}$；

$i=5$，从 $E \backslash E_4$ 中选 $[v_5, v_6]$（$(V, E_4 \cup \{[v_2, v_2]\})$）不含圈。注意，因 $[v_4, v_6]$ 与已选边 $[v_4, v_5], [v_5, v_6]$ 构成圈，所以虽然 $[v_4, v_6]$ 的权小于 $[v_1, v_2]$ 的权，但这时不能选 $[v_4, v_6]$，令 $E_5=\{[v_2, v_3], [v_2, v_4], [v_4, v_5], [v_5, v_6], [v_1, v_2]\}$；

$i=6$，这时，任一条未选的边都与已选的边构成圈，因此算法终止，(V, E_5) 就是要求的最小树，即电话线总长最小的电话线网方案（见图 7-17(b)），电话线总长为 15 单位。

现在来证明方法一的正确性。

令 $G=(V, E)$ 是连通赋权图，根据前面所述可知：当方法一终止时，$T=(V, E_{i-1})$ 是支撑树，并且这时 $i=p(G)-1$。记

$$E(T)=\{e_1, e_2, \cdots, e_{p-1}\}$$

用反证法来证明 T 是最小支撑树，设 T 不是最小支撑树，在 G 的所有支撑树中，令 H 是与 T 公共边数最大的最小支撑树。因 T 与 H 不是同一个支撑树，故 T 中至少有一条边不在 H 中。令 $e_i(1 \leqslant i \leqslant p-1)$ 是第一个不属于 H 的边，把 e_i 放入 H 中，必得到一个且仅一个圈，记这个圈为 C。因为 T 是不含圈的，故 C 中必有一条边不属于 T，记这条边为 e_i；在 H 中去掉 e，增加 e_i，就得到 G 的另一个支撑树 T_0，可见

$$w(T_0) = w(H) + w(e_i) - w(e)$$

因为 $w(H) \leqslant w(T_0)$（因 H 是最小支撑树），推出 $w(e) \leqslant w(e_i)$。但根据算法，e_i 是使 $(V, \{e_1, e_2, \cdots, e_i\})$ 不含圈的权最小边，而 $(V, \{e_1, e_2, \cdots, e_{i-1}, e_i\})$ 也是不含圈的，故必有 $w(e) = w(e_i)$，从而 $w(H) = w(T_0)$。这就是说，T_0 也是 G 的一个最小支撑树，但是 T_0 与 T 的公共边数比 H 与 T 的公共边数多一条，这与 H 的选取矛盾。

方法二（破圈法）：任取一个圈，从圈中去掉一条权最大的边（如果有两条或两条以上的边都是权最大的边，则任意去掉其中一条）。在余下的图中，重复这个步骤，一直得到一个不含圈的图为止，这时的图便是最小树。

例 7－9　用破圈法求图 7－17(a) 所示赋权图的最小支撑树。

解　任取一个圈，比如 (v_1, v_2, v_3, v_1)，边 $[v_1, v_3]$ 是这个圈中权最大的边，于是去掉 $[v_1, v_3]$；再取圈 (v_3, v_5, v_2, v_3)，去掉 $[v_3, v_2]$；取圈 (v_5, v_6, v_4, v_5)，在这个圈中，$[v_5, v_6]$ 及 $[v_4, v_6]$ 都是权最大的边，去掉其中的一条，比如说 $[v_4, v_6]$。这时得到一个不含圈的图（见图 7－17(b)），即为最小树。

关于破圈法的正确性略去证明。

三、最短路线问题

1. 问题概述

例 7－10　已知如图 7－18 所示的单行线交通网，每弧旁的数字表示通过这条单行线所需要的费用。现在某人要从 v_1 出发，通过这个交通网到 v_8 去，求使总费用最小的旅行路线。

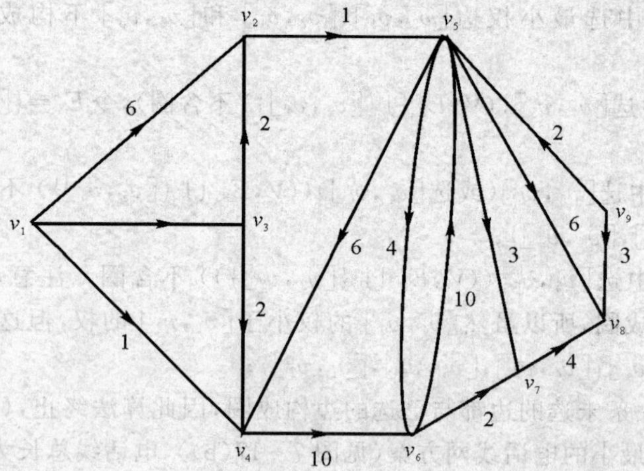

图　7－18

可见，从 v_1 到 v_8 的旅行路线是很多的，例如可以从 v_1 出发，依次经过 v_2，v_5 然后到 v_8；也可以从 v_1 出发，依次经过 v_3，v_4，v_6，v_7，然后到 v_8 等。不同的路线，所需总费用是不同的。比

如，按前一个路线，总费用是 6＋1＋6＝13 单位，而按后一个路线，总费用是 3＋2＋10＋2＋4＝21 单位。不难看到，用图的语言来描述，从 v_1 到 v_8 的旅行路线与有向图中从 v_1 到 v_8 的路线是一一对应的。一条旅行路线的总费用就是相应的从 v_1 到 v_8 的路中所有弧旁数字之和。当然，这里说到的路可以不是初等路。例如，某人从 v_1 到 v_8 的旅行路线可以是从 v_1 出发，依次经 $v_3,v_4,v_6,v_5,v_4,v_6,v_7$，最后到达 v_8。这条路线相应的路是$(v_1,v_3,v_4,v_6,v_5,v_4,v_6,v_7,v_8)$，总费用是 47 单位。

从这个例子，可以引出一般的最短路线问题，给定一个赋权有向图，即给了一个有向图 $D=(V,A)$，对每一个弧 $a=(v_i,v_j)$，相应地有权 $w(a)=w_{ij}$，又给定 D 中的两个顶点 v_i,v_j，设 P 是 D 中从 v_i 到 v_j 的一条路，定义路 P 的权是 P 中所有弧的权之和，记为 $w(P)$。最短路线问题就是要在所有从 v_i 到 v_j 的路中，求一条权最小的路，即求一条从 v_i 到 v_j 的路 P_0，使

$$w(P_0)=\min_P w(P)$$

式中，对 D 中所有从 v_i 到 v_t 的路线 P 取最小，称 P_0 是从 v_i 到 v_t 的最短路线。路线 P_0 的权称为从 v_i 到 v_t 的距离，记为 $d(v_i,v_t)$。显然，$d(v_i,v_t)$ 与 $d(v_i,v_j)$ 不一定相等。

最短路线问题是重要的最优化问题之一，它不仅可以直接应用于解决生产实际的许多问题，如管道铺设、线路安排、厂区布局、设备更新等，而且经常被作为一个基本工具，用于解决其他的优化问题。

2.最短路线算法

本节将介绍在一个赋权有向图中寻求最短路线的方法，这些方法实际上求出了从给定一个点 v_i 到任一个点 v_j 的最短路线。

如下事实是经常要利用的，如果 P 是 D 中从 v_i 到 v_j 的最短路线，v_s 是 P 中的一个点，那么，从 v_i 沿 P 到 v_j 的路是从 v_s 到 v_i 的最短路线。事实上，如果这个结论不成立，设 Q 是从 v_s 到 v_i 的最短路线，令 P' 是从 v_s 沿 Q 到达 v_i，再从 v_i 沿 P 到达 v_j 的路线，那么 P' 的权就比 P 的权小，这与 P 是从 v_i 到 v_j 的最短路线矛盾。

首先介绍在所有 $w_{ij}\geqslant 0$ 的情形下，求最短路线的方法。当所有的 $w_{ij}\geqslant 0$ 时，目前公认最好的方法是由 Dijkstra 于 1959 年提出来的。

Dijkstra 方法的基本思想是从 v_i 出发，逐步地向外探寻最短路线。执行过程中，与每个点对应，记录下一个数(称为这个点的标号)，它或者表示从 v_i 到该点的最短路线的权(称为 P 标号)，或者是从 v_s 到该点的最短路线的权的上界(称为 T 标号)。方法的每一步是去修改 T 标号，并且把某一个具 T 标号的点改变为具 P 标号的点，从而使 D 中具 P 标号的顶点数多一个，这样，至多经过 $p-1$ 步，就可以求出从 v_i 到各点的最短路线。

在叙述 Dijkstra 方法的具体步骤之前，以例 7-10 为例说明一下这个方法的基本思想。例 7-10 中，$s=1$。因为所有 $w_{ij}\geqslant 0$，故有 $d(v_1,v_1)=0$。这时，v_1 是具 P 标号的点。现在考察从 v_1 发出的 3 条弧 (v_1,v_2)，(v_1,v_3) 和 (v_1,v_4)。如果某人从 v_1 出发沿 (v_1,v_2) 到达 v_2，这时需要 $d(v_1,v_1)+w_{12}=6$ 单位的费用；如果他从 v_1 出发，沿 (v_1,v_3) 到达 v_3，则需要 $d(v_1,v_1)+w_{13}=3$ 单位的费用；类似地，若沿 (v_1,v_4) 到达 v_4，需要 $d(v_1,v_1)+w_{14}=1$ 单位，即从 v_1 到 v_4 得最短路线是 (v_1,v_4)，$d(v_1,v_4)=1$。这是因为，从 v_1 到 v_4 的任一条路 P，如果不是 (v_1,v_4)，则必是先从 v_1 沿 (v_1,v_2) 到达 v_2，或者沿着 (v_1,v_3) 到达 v_3。但如上所说，这时候已需要 6 单位或 3 单位的费用，不管如何再从 v_2 或从 v_3 到达 v_4，所需要的总费用都不会比 1 少(因为所有的 $w_{ij}\geqslant 0$)，因而推知 $d(v_1,v_4)=1$，这样就可以使 v_4 变成具 P 标号的点。现在考察从 v_1 及 v_4 指

向其余点的弧，由上已知，从 v_1 出发，分别沿 (v_1,v_2) 和 (v_1,v_3) 到达 v_2,v_3 需要 6，3 单位的费用，而从 v_4 出发沿 (v_4,v_6) 到达 v_6，所需要的费用是 $d(v_1,v_4)+w_{46}=1+10=11$ 单位。因为

$$\min\{d(v_1,v_1)+w_{12},d(v_1,v_1)+w_{13},d(v_1,v_4)+w_{46}\}=d(v_1,v_1)+w_{13}=3$$

基于同样的理由可以断言，从 v_1 到 v_3 的最短路线是 (v_1,v_3)，$d(v_1,v_3)=3$。这样又可以使点 v_3 变成具 P 标号的点。如此重复这个过程，可以求出从 v_1 到任一点的最短路线。

在下述Dijkstra方法具体步骤中，用 P，T 分别表示某个点的 P 标号、T 标号，S_i 表示第 i 步时，具 P 标号点的集合。为了在求出从 v_1 到各点的距离的同时，也求出从 v_t 到各点的最短路线，给每个点 v 以一个 λ 值，算法终止时，如果 $\lambda(v)=m$，表示在从 v_t 到 v 的最短路上，v 的前一个点是 v_m；如果 $\lambda(v)=M$，则表示 D 中不含从 v_s 到 v 的路线；$\lambda(v)=0$，表示 $v=v_t$。

Dijkstra 方法的具体步骤如下：

开始 $(i=0)$，令 $S_0=\{v_s\}$，$P(v_s)=0$ $\lambda(v_s)=0$，对每一个 $v\neq v_s$，令 $T(v)=+\infty$，$\lambda(v)=M$，令 $k=s$。

1) 如果 $S_i=V$，算法终止，这时，对每个 $v\in S_i$，$d(v_s,v)=P(v)$；否则转入 2)。

2) 考察每个使 $(v_k,v_j)\in A$ 且 $v_j\notin S_i$ 的点 v_j，如果 $T(v_j)>P(v_k)+w_{kj}$，则把 $\lambda(v_j)$ 修改为 k；否则转入 3)。

3) 令 $T(v_{j_i})=\min\limits_{v_j\notin S_j}\{T(v_j)\}$，如果 $T(v_{j_i})<+\infty$，则把 v_{j_i} 的 T 标号变为 P 标号 $P(v_{j_i})=T(v_{j_i})$，令 $S_{i+1}=S_i\cup\{v_{j_i}\}$，$k=j_i$；把 i 换成 $i+1$，转入(1)；否则终止，这时对每一个 $v\in S$，$d(v_s,v)=P(v)$，而对每一个 $v\in S_i$，$d(v_s,v)=T(v)$。

上面介绍了求一个赋权有向图中，从一个顶点 v_s 到各个顶点的最短路线。对于赋权(无向)图 $G=(V,E)$，因为沿边 $[v_i,v_j]$ 既可以从 v_i 到达 v_j，也可以沿 v_j 到达 v_i，所以边 $[v_i,v_j]$ 可以看做是两条弧 (v_i,v_j) 及 (v_j,v_i)，它们具有相同的权 $w[v_i,v_j]$，这样在一个赋权图中，如果所有的 $w_{ij}\geqslant 0$，只要把 Dijkstra 方法中的"2) 考察每个使 $[v_k,v_j]\in A$ 且 $v_j\notin S_i$ 的点 v_j"改为"2) 考察每个使 $[v_k,v_j]\in E$ 且 $v_j\notin S_i$ 的点 v_j"，同样地可以求出从 v_s 到各点的最短路线(对于无向图，即为最短链)。

定义 7-5 设 D 是赋权有向图，C 是 D 中的一个回路，如果 C 的权 $w(C)$ 小于零则称 C 是 D 中的一个负回路。

不难证明：

(1) 如果 D 是不含负回路的赋权有向图，那么，从 v_s 到任一个点的最短路线必可取为初等路线，从而最多包含 $p-2$ 个中间点；

(2) 上述递推公式中的 $d^t(v_s,v_j)$ 是在至多包含 $t-1$ 个中间点的限制条件下，从 v_s 到 v_j 的最短路线的权。

由(1)(2)可知：当 D 中不含负回路时，上述算法最多经过 $p-1$ 次迭代必定收敛，即对所有的 $j=1,2,\cdots,p$，均有 $d^k(v_s,v_j)=d^{k-1}(v_s,v_j)$，从而求出从 v_s 到各个顶点的最短路线的权。

如果经过 $p-1$ 次迭代，存在某个 j，使 $d^p(v_s,v_j)\neq d^{p-1}(v_s,v_j)$，则说明 D 中含有负回路。显然，这时从 v_s 到 v_j 的路的权是没有下界的。

为了加快收敛速度，可以利用如下的递推公式：

$$d^1(v_s,v_j)=w_{sj}\quad(j=1,2,\cdots,p)$$

$$d^t(v_s,v_j)=\min\{\min_{i<j}\{d^t(v_s,v_j)+w_{ij}\},\min_{i\geqslant j}\{d^{t-1}(v_s,v_j)+w_{ij}\}\}\quad(j=1,2,\cdots,p)(t=2,3,\cdots)$$

J. Y. Yen 提出一个改进的递推算法：

$$d^1(v_s, v_j) = w_{sj}, \quad j = 1, 2, \cdots, p$$

对于 $t = 2, 4, 6$，按 $j = 1, 2, \cdots, p$ 的顺序计算：

$$d^t(v_s, v_j) = \min\{d^{t-1}(v_s, v_j), \min_{i<j}\{d^{t-1}(v_s, v_i) + w_{ij}\}\}$$

同样的，当对所有的 $j = 1, 2, \cdots, p$ 有

$$d^k(v_s, v_j) = d^{k-1}(v_s, v_j)$$

时，算法终止。

第二节　部队机动路线选择的最短路线问题

一、问题的描述

在导弹作战中，存在机动的问题，中间如果有一个道路交通网，就存在如何选择最短路线的问题。

例如，已知如图 7－19 所示的单行线交通网，每条线段旁的数字表示通过这条单行线的路程。现在发射车要从待机阵地 v_1 出发，通过这个交通网到发射阵地 v_8 去，求使总路程最小的机动路线。

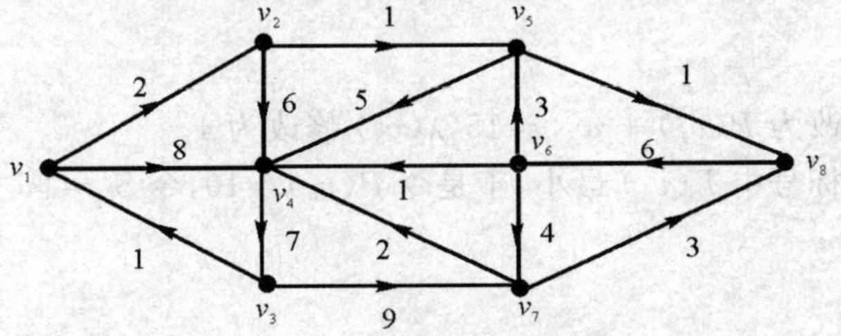

图　7－19

可行的机动方案有很多种，但是显然这些方案的总路程是不一样的，在作战运用中应该提前规划好路线最短的机动方案。

那么现在的问题是，怎么来确定这个最短方案？

二、部队机动路线选择问题的 *PT* 标号算法

1. 算法的基本思想

如果 P 是从起始点到终点的最短路线，中间经过 i 点，那么从起始点沿 P 到 i 点的这条路也一定是起始点到 i 点的最短路线。因为最终要求的是路线 P，似乎不太好求，但是与起始点相邻的这些点是比较好求的。如何从起始点出发，逐步向外寻找到各个点的最短路线呢？

从 v_1 出发，向外探寻最短路线。执行过程中，记录下一个数，它或者表示从 v_1 到该点的最短路的权（称为 P 标号），或者是从 v_1 到该点的最短路线的权的上界（称为 T 标号）。

方法的每一步是去修改 T 标号，并且把某一个具 T 标号的点改变为具 P 标号的点，使具 P 标号的顶点数多一个，这样，至多经过 $p-1$ 步，就可以求出从 v_1 到各点的最短路线。

2. 算法步骤

当 $i=0$ 时：

(1) $S_0=\{v_1\}, P(v_1)=0, \lambda(v_1)=0, T(v_1)=+\infty, \lambda(v_i)=M(i=1,2,3,\cdots,8)$，以及 $k=1$。

(2) 因 $(v_1,v_2)\in A, v_2\notin S_0, P(v_1)+w_{12}<T(v_2)$，故把 $T(v_2)$ 修改为 $P(v_1)+w_{12}=2$，$\lambda(v_2)$ 修改为 1；同理，把 $T(v_4)$ 修改为 $P(v_1)+w_{14}=8, \lambda(v_4)$ 修改为 1。

(3) 在所有的 T 标号中 $T(v_2)$ 最小，于是令 $P(v_2)=2$，令 $S_1=S_0\cup\{v_2\}=\{v_1,v_2\}, k=2$。

当 $i=1$ 时：

(1) 把 $T(v_4)$ 修改为 $P(v_4)+w_{24}=8, \lambda(v_4)$ 修改为 2；把 $T(v_5)$ 修改为 $P(v_2)+w_{25}=3$，$\lambda(v_5)$ 修改为 2。

(2) 在所有的 T 标号中 $T(v_5)$ 最小，于是令 $P(v_5)=3$，令 $S_2=\{v_1,v_2,v_5\}, k=5$。

当 $i=2$ 时：

(1) 把 $T(v_4)$ 修改为 $P(v_5)+w_{54}=8, \lambda(v_4)$ 修改为 5；把 $T(v_8)$ 修改为 $P(v_5)+w_{58}=4$，$\lambda(v_8)$ 修改为 5。

(2) 在所有的 T 标号中 $T(v_8)$ 最小，于是令 $P(v_8)=4$，令 $S_3=\{v_1,v_2,v_5,v_8,v_6\}, k=8$。

当 $i=3$ 时：

(1) 把 $T(v_6)$ 修改为 $P(v_8)+w_{86}=10, \lambda(v_6)$ 修改为 8。

(2) 在所有的 T 标号中 $T(v_4)$ 最小，于是令 $P(v_4)=8$，令 $S_4=\{v_1,v_2,v_5,v_8,v_6,v_4\}, k=4$。

当 $i=4$ 时：

(1) 把 $T(v_3)$ 修改为 $P(v_4)+w_{43}=15, \lambda(v_3)$ 修改为 4。

(2) 在所有的 T 标号中 $T(v_6)$ 最小，于是令 $P(v_6)=10$，令 $S_5=\{v_1,v_2,v_5,v_8,v_6,v_4,v_6\}$，$k=6$。

当 $i=5$ 时：

(1) 把 $T(v_7)$ 修改为 14，$\lambda(v_7)$ 修改为 6。

(2) 在所有的 T 标号中 $T(v_7)$ 最小，于是令 $P(v_7)=14$，令 $S_6=\{v_1,v_2,v_5,v_8,v_6,v_4,v_6,v_7\}, k=7$。

这是没有 T 标点，算法终止。

这样

从 v_1 到 v_2 的最短路线为 (v_1,v_2)，总路程为 2；

从 v_1 到 v_3 的最短路线为 (v_1,v_4,v_3)，(v_1,v_2,v_4,v_3)，(v_1,v_2,v_5,v_4,v_3) 总路程为 15；

从 v_1 到 v_4 的最短路线为 (v_1,v_4) 或 (v_1,v_2,v_4) 或 (v_1,v_2,v_5,v_4)，总路程为 8；

从 v_1 到 v_5 的最短路线为 (v_1,v_2,v_5)，总路程为 3；

从 v_1 到 v_6 的最短路线为 (v_1,v_2,v_5,v_8,v_6)，总路程为 10；

从 v_1 到 v_7 的最短路线为 $(v_1,v_2,v_5,v_8,v_6,v_7)$，总路程为 14；

从 v_1 到 v_8 的最短路线为 (v_1,v_2,v_5,v_8)，总路程为 4。

第八章　对策原理及应用

第一节　对策问题基本原理

一、对策问题的基本概念

1. 对策行为和对策论

(1)什么叫对策。对策是决策者在某种竞争场合下做出的决策，或者说是参加竞争的各方为了自己获胜采取的对付对方的策略。对策论就是研究对策现象的数学理论与方法，一般认为，它是运筹学的一个分支。由于它研究的对象与政治、经济、国防等有密切的联系，并且处理问题的方法又有明显的特色，所以日益引起广泛的注意。

(2)问题的提出——对策现象。日常生活中，经常看到一些相互之间竞争、比赛性质的现象，如下棋、打扑克、体育竞赛等，竞争中各方都各有长处和不足，但又各有特点，在竞赛过程中，各方都设法发挥自己的长处，尽最大可能争取较好的竞赛结果。

在政治方面，国际上政府间的各种外交谈判，各方都想在谈判中处于有利地位，争取对自己有利的结果。各国之间或国内各集团之间的战争是一种你死我活的斗争，在这场生死搏斗的各方都千方百计战胜对方。

在经济领域内，各国之间的贸易谈判，各公司企业之间的加工或订货谈判，各公司、企业争夺国际或国内市场等，都是竞争现象。在工业生产方面，工厂拥有一定数量的设备，能加工不同类型的产品，不同设备单位时间内创造的价值不同，消耗也不一样。为争取创造更多的价值，工厂的管理者可看成是一方，原材料的消耗、工时使用多少、成本增加情况等看成是一方，这样两者之间可以看成是一种竞争现象。在农业生产方面，人们为了获得农业丰收，而去研究合理施肥，千方百计去战胜水、旱、虫等自然灾害，这可以看成大自然为一方，而人作为另一方的竞争现象。

以上所举的各种现象，都是带有竞争性质(或至少含有竞争成分)的现象，称之为对策现象或者叫对策模型。

(3)对策的一个典型例子。在我国，关于对策的模型很早就出现了，古代所谓的“齐王赛马”就是一个非常典型的例子。

战国时期，齐国的国君有一天提出要与田忌进行赛马。田忌答应后，双方约定：

(1)各自出三匹马；

(2)从上、中、下三个等级各出一匹；

(3)田忌用下马对齐王的上马(负)；

(4)田忌用中马对齐王的下马(胜)；

(5)田忌用上马对齐王的中马(胜)。

比赛结果：

田忌二胜一负反而得千金。由此可见，在各种对策现象中，参与者应该如何决策的问题是大可研究的。

2. 对策行为的 3 个基本要素

对策模型就是具有对策行为的模型，也称对策。对策模型的种类可以千差万别，在对策模型中，各参加者具有各种不同的利益和目的，并且有某种办法来实现其目的。为了对客观事物进行研究，必须抓住客观事物的本质进行科学的抽象。

对策现象的本质就是 3 个最根本的要素。

(1)局中人。在一场竞争或斗争中(简称一局对策)，都有这样的参加者为了在一局对策中力争好的结局，必须制订对付对手的行动方案，把这样有决策权的参加者称为局中人。

而那些在一局对策中，既不决策而结局又和他的得失无关的人(如棋赛时的公证人等)，就不算局中人。显然前面提到的齐王与田忌赛马的竞赛中，局中人就是齐王和田忌，而不是参加比赛的马，也不是田忌的谋士们。

局中人除了理解为个人外，还可理解为集体(如球队、交战国、企业公司等)，也可以把大自然理解为局中人(因为人类经常处于和大自然的斗争状态中)，并且还假定局中人都是聪明的，有理智的。

同时，为使研究问题结果更清楚，把那些利益完全一致的参加者们看作一个局中人。他们利害一致，必使他们齐心合力，相互配合行动如一个人。例如，在如桥牌游戏中，东西双方利益一致，南北两面得失相当，因此虽有 4 人参加，只能算有两个局中人。

这里称只有两个局中人的对策现象为“两人对策”(如象棋、桥牌)，而多于两个局中人的对策称为“多人对策”。其他根据局中人之间是否允许合作来分，还有结盟对策和不结盟对策等。

(2)策略集。一局对策中，每个局中人都有供他选择的实际可行的完整的行动方案。即此方案不是某一步的行动方案，而是指导自始至终如何行动的一个方案。把局中人一个可行的自始至终通盘筹划的行动方案，称为这个局中人的一个策略。而把这个局中人的策略全体，称做这个局中人的策略集合。

例如，在下棋中“当头炮”只作为某一个策略的组成部分，并非一个策略。即对 G 的所有支撑树 T 取最小。

在齐王与田忌赛马的例子中，如果一开始就要把各人的 3 匹马排好次序，然后依次出赛。那么，3 匹马排列的一个次序就是一个完整的行动方案，于是被称为一个策略。

例如，用(上、中、下)表示首先是上马出赛，其次是中马出赛，最后是下马出赛这样一个策略。显然各局中人都有六个策略：

1)(上、中、下)　　2)(上、下、中)

3)(中、上、下)　　4)(中、下、上)

5)(下、中、上)　　6)(下、上、中)

这个策略全体就是局中人的策略集合。

如果在一局对策中，各个局中人都有有限个策略，称之为“有限对策”(齐王与田忌赛马就是一个有限对策)，否则称之为“无限对策”。

(3)赢得函数(支付函数)。一局对策结束之后对每个局中人来说不外乎是胜利或失败，名次的前后以及其他的物质的收入或支出等，这些可统称之为“得失”。

在齐王与田忌赛马的例子中，最后田忌赢得1千金，而齐王损失1千金，即为这局对策(结局时)双方的得与失。

实际上，每个局中人在一局对策结束时的得失，是与局中人所选定的策略有关的，例如，上述赛马的例子中，当齐王出策略(上、中、下)，田忌出策赂(下、上、中)时，田忌得1千金；而如果齐王与田忌都出策略(上、中、下)时，田忌就得付出3千金了。因此用数学语言来说，一局对策结束时，每个局中人的得失是全体局中人所取定的一组策略的函数，通常称为“支付函数”。

在对策论中，从每个局中人的策略集中各取一个策略，组成的策略组，称作“局势”。于是“得失”是“局势”的函数。如果在任一“局势”中，全体局中人的“得失”相加总是等于零时，这个对策就称为零和对策(上述赛马就是一个零和对策)，否则称为“非零对策”。

3.对策的分类

对策的种类很多，可以依据不同的原则进行分类。

(1)根据参加对策的局中人的数目，可分为二人对策和多人对策。

(2)在多人对策中还有结盟对策与不结盟对策之分，结盟对策又包括联合对策和合作对策。

(3)根据局中人集中策略的有限或无限，可将对策分为有限对策和无限对策。

(4)还可根据各局中人赢得函数值的代数和是否为零，将对策分为零和对策与非零和对策。

(5)根据策略与时间的关系可将对策分为静态对策与动态对策。

(6)根据对策的数学模型的类型可分为矩阵对策、连续对策、微分对策、阵地对策、随机对策等。

二、矩阵对策的基本定理

1.矩阵对策的定义

矩阵对策就是有限二人零和对策，它是指这样的一类对策现象：参加对策的“局中人”只有两个，而每个局中人都有有限个可供选择的策略，而且在任一局势中，两个局中人的得失之和总等于零，也就是说一个局中人的所得即为另一个局中人的所失(“齐王赛马”就是矩阵对策，每赛一次，失败者要付给胜利者1千金)。局中人双方的利益是冲突的，因此，矩阵对策又叫有限对抗对策。

这类对策比较简单，在理论上也比较成熟，而且这些理论奠定了研究对策现象的基本思路，所以矩阵对策是对策论的基础。

2.矩阵对策的数学模型

设参加对策的两个局中人为 Ⅰ 和 Ⅱ，局中人 Ⅰ 有 m 个纯策略 $\alpha_1,\alpha_2,\cdots,\alpha_m$ 可供选择，局中人 Ⅱ 有 n 个纯策略 $\beta_1,\beta_2,\cdots,\beta_n$ 可供选择，则局中人 Ⅰ，Ⅱ 的策略集分别为

$$S_{\mathrm{I}}=\{\alpha_1,\alpha_2,\cdots,\alpha_m\} \tag{8-1}$$

$$S_{\mathrm{II}}=\{\beta_1,\beta_2,\cdots,\beta_n\} \tag{8-2}$$

当局中人 Ⅰ 和局中人 Ⅱ 分别选定纯策略 α_i 和 β_j 后，就形成了一个纯局势 (α_i,β_j)。可见，这样的纯局势共有 $m\times n$ 个。对任一纯局势 (α_i,β_j)，记局中人 Ⅰ 的赢得为 a_{ij}，并称

$$A=\begin{bmatrix} a_{11} & a_{12} & \cdots & a_{1n} \\ a_{21} & a_{22} & \cdots & a_{2n} \\ \vdots & \vdots & & \vdots \\ a_{m1} & a_{m2} & \cdots & a_{mn} \end{bmatrix} \tag{8-3}$$

为局中人 Ⅰ 的赢得矩阵。显然,在矩阵对策中,局中人 Ⅱ 的赢得矩阵各元素,正好等于局中人 Ⅰ 的赢得矩阵的相应元素的负值,即为 $-\boldsymbol{A}$。

对策分析中最重要的工作就是构建矩阵对策的模型,一旦矩阵对策的模型确定之后,便可以在此基础上对其求解。应用比较广泛的矩阵对策有最优纯策略和混合策略。下面分别予以讨论。

3. 最优纯策略的数学模型

设对策为

$$G=\{S_1,S_2;\boldsymbol{A}\}$$

$S_1,S_2,\boldsymbol{A}$ 如式(8-1)、式(8-2) 和式(8-3) 所示。

当决策以概率为 1 选择某行或列,而以概率为 0 选择其他行或列时,则称该决策为局中人 Ⅰ(Ⅱ) 的纯策略。

对于局中人 Ⅰ 来说,对每一行取其中最小值,即

$$\min_j a_{ij},\quad i=1,2,\cdots,m$$

再从这些最小值中取最大值,即

$$\max_i \min_j a_{ij}$$

对局中人 Ⅱ 说,对每列取其中最大值,即

$$\max_i a_{ij},\quad j=1,2,\cdots,n$$

再从这些最大值中取最小值,即

$$\min_j \max_i a_{ij}$$

$$\max_i \min_j a_{ij}=\min_j \max_i a_{ij} \tag{8-4}$$

成立,则记其值为 V_G,称 V_G 为对策 G 的值。

如果纯局势(α_i^*,β_i^*)使得

$$\min_j a_{ij}=\max_i a_{ij}=V_G \tag{8-5}$$

则称(α_i^*,β_i^*)为对策 G 的鞍点,α_i^*,β_i^* 分别为局中人 Ⅰ 和 Ⅱ 的最优纯策略。若其对策不满足上式,则称该对策没有鞍点,即对策双方没有最优纯策略,也就不存在纯策略中的解。

矩阵对策 $G=\{S_1,S_2;\boldsymbol{A}\}$ 存在最纯策略有解的充要条件是,存在纯局势(α_i^*,β_j^*),使得对所有 $i=1,2,\cdots,m;j=1,2,\cdots,n$ 都有

$$a_{ij^*}\leqslant a_{i^*j^*}\leqslant a_{i^*j} \tag{8-6}$$

其最优纯策略的求解步骤可归纳如下:

(1) 从每一行中求出最小值,然后从中求出最大值 $V_{\max\min}$。

(2) 从每一列中求出最大值,然后从中求出最小值 $V_{\min\max}$。

(3) 比较 $V_{\max\min}$ 和 $V_{\min\max}$ 是否相等。若 $V_{\max\min}=V_{\min\max}$ 便取得鞍点,且鞍点便是对策值 V;鞍点所对应的策略便是局中人 Ⅰ 和 Ⅱ 的最优纯策略。

4. 混合策略的数学模型

在矩阵对策为 $G=\{S_1,S_2;\boldsymbol{A}\}$ 的最优纯策略中，局中人 Ⅰ 的至少赢得为

$$\max_i \min_j a_{ij}$$

局中人 Ⅱ 的至多损失为

$$\min_j \max_i a_{ij}$$

矩阵对策中的局中人 Ⅰ 的赢得值不会大于局中人 Ⅱ 的损失值，即总有 $V_1 \leqslant V_2$，当 $V_1 = V_2$ 时，矩阵对策存在纯策略意义下的解。但不是所有的矩阵对策都有鞍点，即 $V_1 \neq V_2$，此时，对策不存在纯策略意义下的解。例如，若赢得矩阵为

$$\boldsymbol{A}=\begin{bmatrix}2 & 5\\ 4 & 3\end{bmatrix}$$

此时

$$V_1=\max_i \min_j a_{ij}=3$$

$$V_2=\min_j \max_i a_{ij}=4$$

显然，$V_1 \neq V_2$，即上述策略不是二人零和策略。从最稳妥的角度考虑，当局中人都是用从最坏的情况中挑选最好结果的原则选择纯策略时，局中人 Ⅰ 应该取 α_2 且局中人 Ⅱ 应选取 β_1，对应的结局是局中人 Ⅰ 将赢得 4，多于预期赢得的值 3。因此，局中人 Ⅱ 选择 β_1 不是最佳选择。当现实中出现这种情形时，局中人 Ⅱ 可能会选择 β_2。考虑到这种可能性，局中人 Ⅰ 也可能选择 α_1，因为这样可使赢得为 5。如果局中人 Ⅱ 认为局中人 Ⅰ 很可能选择 α_1，局中人 Ⅱ 必然不会选择 β_2 而选择 β_1。在此类对策问题中，局中人选择的策略不定，或者说，各种可能性都不能排除。在这种情况下，不存在一个对局中人都可接受的解决方案，即不存在平衡局势，或是不存在最优纯策略解。这种情况下的局中人进行对策的方法就是通过估计选取各个策略可能性的大小来进行对策，也就是用多大概率选取各个策略，即基于不同策略的概率分布来进行选择。在上述情况下，局中人 Ⅰ 可以决定分别以概率 1/8 和 7/8 选取纯策略 α_1 和 α_2，这种策略是局中人 Ⅰ 的策略集 $\{\alpha_1,\alpha_2\}$ 上的一个概率分布，称之为混合策略。同时，局中人 Ⅱ 也可以决定分别以另外一种概率，如 1/4 和 3/4 选取纯策略 β_1 和 β_2 等。

设局中人 Ⅰ 以概率 x 去选择策略 α_1，以概率 $1-x$ 选择策略 α_2；局中人 Ⅱ 以概率 y 选择概率 β_1，以概率 $1-y$ 选择策略 β_2。此时，局中人 Ⅰ 的赢得不是定值，而是期望值。其值为

$$E(x,y)=2xy+5x(1-y)+4(1-x)y+3(1-x)(1-y)-4\left(x-\frac{1}{4}\right)\left(y-\frac{1}{2}\right)+\frac{7}{2}$$

如果局中人 Ⅰ 以概率 1/4 选取策略 α_1，则其期望赢得值 $E(x,y)$ 是 7/2，这个值是局中人 Ⅰ 的最小赢得。局中人 Ⅰ 可以指望其赢得大于该值，但无法确保期望值超过 7/2。这是因为，当局中人 Ⅱ 以概率 $y=1/2$ 取 β_1 时，无论局中人 Ⅰ 以何种概率选择策略，其赢得都不可能大于 7/2。同理，如果局中人 Ⅱ 以概率 1/2 选 β_1 和 β_2，结局是理想合理结局。与最优纯策略不同，当混合对策中的局中人决策时，不是决定是否用哪一个策略，而是决定选择每一个策略的概率。

一般情况下，如果对策中的局中人 Ⅰ 在每次对策中不一定采取纯策略，即选择的策略不是必然事件，而是以概率 x_i 选择第 i 行（$i=1,2,\cdots,m$）。这个决策称为局中人 Ⅰ 的混合策略，表示为

$$\boldsymbol{X}=\begin{bmatrix}x_1\\x_2\\\vdots\\x_i\\\vdots\\x_m\end{bmatrix},\quad x_i\geqslant 0,\quad \sum_{i=1}^{m}x_i=1 \tag{8-7}$$

与局中人 Ⅰ 的情况相对应，局中人 Ⅱ 以概率 y_i 选择第 j 列（$j=1,2,\cdots,n$）。这个决策称为局中人 Ⅱ 的混合策略，表示为

$$\boldsymbol{Y}=[y_1,y_2,\cdots,y_j,\cdots,y_n],\quad y_j\geqslant 0,\quad \sum_{j=1}^{n}y_j=1 \tag{8-8}$$

上述纯策略集合对应的概率矢量 $[\boldsymbol{X}\quad \boldsymbol{Y}]$ 对应的局势称为混合局势，而称数学期望

$$\boldsymbol{E}(\boldsymbol{X},\boldsymbol{Y})=\sum_{i=1}^{m}\sum_{j=1}^{n}p_{ij}x_iy_j \tag{8-9}$$

为局中人 Ⅰ 的赢得，$-\boldsymbol{E}(\boldsymbol{X},\boldsymbol{Y})$ 为局中人 Ⅱ 的赢得。如果局中人在决策时不是采取概率的方式，而是采取确定的方式，即对于某个策略，要么采用，要么不采用，其数学表达为

$$x_i=\begin{cases}1 & (i=k)\\0 & (i\neq k)\end{cases} \tag{8-10}$$

$$\boldsymbol{X}=\begin{bmatrix}0\\0\\\vdots\\x_k\\\vdots\\0\end{bmatrix}=\begin{bmatrix}0\\0\\\vdots\\1\\\vdots\\0\end{bmatrix}、$$

$$\boldsymbol{Y}=[0\quad 0\quad \cdots\quad y_s\quad \cdots\quad 0]=[0\quad 0\quad \cdots\quad 1\quad \cdots\quad 0]$$

$$y_j=\begin{cases}1 & (j=s)\\0 & (j\neq s)\end{cases} \tag{8-11}$$

这时混合策略转变为纯策略，即混合策略是纯策略的推广。

混合策略及其对策值的求解蕴含着两方面的假定：一是每个局中人都以期望赢得值最大为决策目标，而不是基于侥幸和偶然；二是每个局中人在决策时仅知道对方的策略集，但不知道对方将采取什么策略或很可能采取什么策略，即不知道对方选择每种策略的概率，每个局中人的、与纯策略集合对应的概率向量相互之间彼此独立。这时的策略称为最有最小最大策略。

5. 最优混合策略

现参照纯策略的情况对混合策略的对策值进行定义。

设矩阵对策中 $S_\alpha=\{\boldsymbol{X}\}$ 及 $S_\beta=\{\boldsymbol{Y}\}$ 分别为局中人 Ⅰ 和局中人 Ⅱ 的混合策略集。

若无论局中人 Ⅱ 如何选择策略 $\boldsymbol{Y}=[y_1\quad y_2\quad \cdots\quad y_n]^{\mathrm{T}}$，只要当局中人 Ⅰ 取某一混合策略 $\boldsymbol{X}^*=[x_1^*\quad x_2^*\quad \cdots\quad x_m^*]^{\mathrm{T}}$ 时，其期望赢得都将大于等于值 V，即

$$\boldsymbol{E}(\boldsymbol{X}^*,\boldsymbol{Y})=\sum_{i=1}^{m}\sum_{j=1}^{n}p_{ij}x_i^*y_j\geqslant V \tag{8-12}$$

同时,若不论局中人 Ⅰ 如何选择策略 $\boldsymbol{X}=[x_1 \quad x_2 \quad \cdots \quad x_m]^{\mathrm{T}}$,只要当局中人 Ⅱ 取某一混合策略 $\boldsymbol{Y}^*=[y_1^* \quad y_2^* \quad \cdots \quad y_n^*]^{\mathrm{T}}$ 时,其期望损失都不会大于值 V,即

$$E(\boldsymbol{X},\boldsymbol{Y}^*)=\sum_{i=1}^{m}\sum_{j=1}^{n}p_{ij}x_iy_j^* \leqslant V \tag{8-13}$$

如果

$$\min E(\boldsymbol{X}^*,\boldsymbol{Y})=\max E(\boldsymbol{X},\boldsymbol{Y}^*)=V \tag{8-14}$$

则称 V 为对策值,对应的 $\boldsymbol{X}^*$,$\boldsymbol{Y}^*$ 分别称为局中人 Ⅰ 和局中人 Ⅱ 的最优混合策略。此时,局中人 Ⅰ 的期望赢得是 V,局中人 Ⅱ 的期望损失是 V。

6. 矩阵对策的解法

(1)2×2 矩阵对策的公式法。所谓 2×2 矩阵对策是指局中人 Ⅰ 的赢得矩阵为 2×2 阶的,即

$$\boldsymbol{A}=\begin{bmatrix} a_{11} & a_{12} \\ a_{21} & a_{22} \end{bmatrix}$$

如果 $\boldsymbol{A}$ 有鞍点,则很快可求出各局中人的最优纯策略,x_i^*,y_j^* 均大于零。

如果 $\boldsymbol{A}$ 没有鞍点,则可证明各局中人最优混合策略中的 x_i^*,y_j^* 均大于零。

由此易得,局中人 Ⅰ 的期望赢得为

$$\boldsymbol{E}(\boldsymbol{X},\boldsymbol{Y})=x_1y_1a_{11}+x_1y_2a_{12}+x_2y_1a_{21}+x_2y_2a_{22}=y_1(x_1a_{11}+x_2a_{21})+y_2(x_1a_{12}+x_2a_{22}) \tag{8-15}$$

根据混合对策的含义,当局中人 Ⅰ 选择最优混合策略时,无论局中人 Ⅱ 选择任何策略,其赢得期望值都是确定的。因此可以选择两组特殊的值来求解。当局中人 Ⅱ 取混合策略 $\boldsymbol{Y}=[1 \quad 0]$ 时,局中人 Ⅰ 的期望收入为

$$V_1=x_1a_{11}+x_2a_{21}$$

当局中人 Ⅱ 取 $\boldsymbol{Y}=[0 \quad 1]$ 时,局中人 Ⅰ 的期望收入为

$$V_2=x_1a_{12}+x_2a_{22}$$

由 $V_1=V_2$,有

$$x_1a_{11}+x_2a_{21}=x_1a_{12}+x_2a_{22}$$

将 $x_1+x_2=1$ 代入上式,可解得

$$x_1^*=\frac{a_{22}-a_{21}}{(a_{11}+a_{22})-(a_{12}+a_{21})} \tag{8-16}$$

$$x_2^*=\frac{a_{11}-a_{12}}{(a_{11}+a_{22})-(a_{12}+a_{21})} \tag{8-17}$$

局中人 Ⅰ 的最优混合策略 $\boldsymbol{X}^*=[x_1^* \quad x_2^*]$。

使用同样方法可求出局中人 Ⅱ 的最优混合策略

$$y_1^*=\frac{a_{22}-a_{12}}{(a_{11}+a_{22})-(a_{12}+a_{21})} \tag{8-18}$$

$$y_2^*=\frac{a_{11}-a_{21}}{(a_{11}+a_{22})-(a_{12}+a_{21})} \tag{8-19}$$

对策值为

$$V_G=\frac{a_{11}a_{22}-a_{12}a_{21}}{(a_{11}+a_{22})-(a_{12}+a_{21})} \tag{8-20}$$

(2) 线性方程组方法。可以证明,如果假设最优策略中的 x_i^* 和 y_j^* 均不为零,即可将矩阵对策混合策略求解问题转化成求解下面两个方程组的问题:

$$\begin{cases} \sum_i a_{ij} x_i = v \quad j=1,\cdots,n \\ \sum_i x_i = 1 \end{cases} \tag{8-21}$$

和

$$\begin{cases} \sum_j a_{ij} y_j = v \quad i=1,\cdots,m \\ \sum_j y_j = 1 \end{cases} \tag{8-22}$$

如果式(8-21)和式(8-22)存在非负解 x_i^* 和 y_j^*,则便求得了对策的一个解(x^*,y^*)。如果由上述两个方程组求出的解 x_i^* 和 y_j^* 中有负分量,则可视具体情况,将式(8-21)和式(8-22)中的某些等式改成不等式,继续试算求解,直至求出对策的解。

这种方法由于事先假设 x_i^* 和 y_j^* 均不为零,故当 x_i^* 和 y_j^* 的实际分量中有些为零时,式(8-21)和式(8-22)一般无非负解,而下面的试算过程则是无固定规程可循的。因此,这种方法在实际应用中具有一定的局限性。

(3) 迭代法。迭代法的基本思想:

假设两个局中人反复进行对策多次,在每一局中各局中人都从自己的策略集中选取一个使对方获得最不利结果的纯策略,即第 k 局对策纯策略的选择欲使对手在前 $k-1$ 局中的累计所得(或累计所失)最少(或最多)。

具体做法:

在第1局中,从两个局中人中任选1人,例如局中人Ⅰ,让他先采取任意一个纯策略,例如 α_i。然后局中人Ⅱ随之采取某纯策略 β_j,使采取了 α_i 的局中人Ⅰ的所得最少。在第2局中,局中人Ⅰ认为局中人Ⅱ还将出 β_j,故采取某一策略 α_i 使局中人Ⅱ所失为最多,然后局中人Ⅱ又采取某一策略,使局中人Ⅰ在这两局中的累计赢得为最少。在第3局中,局中人Ⅰ又采取某一策略使局中人Ⅱ在前两局的累计所失为最多,然后局中人Ⅱ又采取某一策略使其对手在这3局中的累计所得为少。以后各局均照此方式对策下去,直到迭代的结果达到一定的满意程度为止。当迭代结束时,用局中人各纯策略在已进行的 N 局对策(N 步迭代)中出现的频率分布,作为最优混合策略中概率分布的一个近似。

第二节　导弹攻防对抗问题

现代战争中,导弹武器的使用已经十分普遍,它具有精确制导、突防能力强、杀伤效果明显等优良特性。同时,随着技术的发展,导弹预警、导弹拦截等已成为可能,因而当制定战略战术时,导弹武器的攻防对抗问题便成了不容忽视的部分。

一、最优纯策略下应用举例

设红方导弹攻击蓝方目标时有3种作战预案,其为 $\alpha_1,\alpha_2,\alpha_3$;蓝方反导防空部队有3种不同的防御部署方案,设其为 β_1,β_2,β_3。设红方的每种作战预案相对于蓝方的每种防御部署方案都有对应的预期战损评估赢得指标值，以各赢得指标值构建红方赢得表(见表 8-1)。以下结合此例讨论最优纯策略的求解。

表　8-1

蓝方策略 / 红方策略	β_1	β_2	β_3	各行的最小数
α_1	-3	4	-5	-5
α_2	6	5	7	5
α_3	12	2	-7	-7
各列的最大数	12	5	7	

由于红方赢得表对对方透明，红蓝方都力图采取最优策略来获取最大赢得。对红方而言，赢得表中最大值为12，所以会选择 α_3 来达到这一目的；由于蓝方也知道红方这一企图，所以为使自己赢得最大，会选择 β_3 作为对策来使红方赢得 -7，这样红方不仅不能赢得 12，反而损失 7；红方在决策时也会考虑到蓝方的这种意向，从而转向选择策略 α_2 来使自己不是损失 7，而是赢得 7。此时，蓝方又会选择新的策略以使自己减少损失等。在实际的对策过程中，如果对策各方都不基于运气或侥幸，而是基于最稳妥的原则，即立足于最不利的情况，向尽可能有利的方向努力。

以上述情况为例，对红方最不利的情况就是其选择策略时的最小赢得，当选择 α_1 时是 $\min\{-3,4,-5\}=-5$；当红方选择 α_2 时是 $\min\{6,5,7\}=5$；当选择 α_3 时是 $\min\{12,2,-7\}=-7$。三者比较，红方选择 α_2 时赢得最大。也就是说，如果红方选择 α_2，无论蓝方如何选择其策略，红方将至少赢得 5，蓝方的决策的思路类似。对蓝方最不利的情况就是其选择每种策略时的最大损失，当选择 β_1 时是 $\max\{-3,6,12\}=12$；当蓝方选择 β_2 时是 $\max\{4,5,2\}=5$；当选择 β_3 时是 $\max\{-5,5,-7\}=5$。三者比较，当蓝方选择 β_2 时损失最大。也就是说，如果蓝方选择 β_2，无论红方如何选择其策略，蓝方至多损失 5。

在本例中，红方至少赢得值等于蓝方至多损失值，两者都为 5，对应于双方的选择，α_2，β_2 分别为红方和蓝方的最优纯策略，(α_2,β_2) 为本对策的鞍点。

二、混合策略下应用举例

设红方的导弹武器可安装 3 种突防装置，蓝方防空反导部队有 3 种拦截武器。红方选择每种策略的概率分别为 x_1,x_2,x_3，蓝方选择每种策略的概率分别为 y_1,y_2,y_3。红方每种突防装置的导弹对蓝方每种拦截武器对抗时红方的赢得值见表 8-2。

表　8-2

蓝方 / 红方 赢得值		y_1	y_2	y_3	各行的最小数
		β_1	β_2	β_3	
x_1	α_1	3	0	2	0
x_2	α_2	0	2	0	0
x_3	α_3	2	-1	4	-1
各列的最大数		3	2	4	

根据此例的赢得表可得

$$V_1=\max_i \min_j a_{ij}=\max_i\{0,0,-1\}=0$$

$$V_2=\min_j \max_i a_{ij}=\min_j\{3,2,4\}=2$$

显然,$V_1\neq V_2$,因此没有最优纯策略。必须使用混合策略的方法求解,可采用线性规划方法进行求解。设最优混合策略的对策值为 v。

对于红方而言:

$$\begin{cases}3x_1+2x_3\geqslant v\\2x_2-x_3\geqslant v\\2x_1+4x_3\geqslant v\\x_1,x_2,x_3\geqslant 0\\x_1+x_2+x_3=1\end{cases}$$

对应蓝方而言:

$$\begin{cases}3y_1+2y_3\leqslant v\\2y_2\leqslant v\\2y_1-y_2+4y_3\leqslant v\\y_1,y_2,y_3\geqslant 0\\y_1+y_2+y_3=1\end{cases}$$

对上述两个不等式方程组作变换

$$\begin{cases}x_i'=x_i/v & i=1,2,\cdots,m\\y_j'=y_j/v & j=1,2,\cdots,n\end{cases}$$

并将其代入,可得

对应红方而言:

$$\min S(x')=\sum_{i=1}^{m}x_i'=x_1'+x_2'+x_3'$$

$$\begin{cases}3x_1'+2x_3'\geqslant 1\\2x_2'-x_3'\geqslant 1\\2x_1'+4x_3'\geqslant 1\\x_1',x_2',x_3'\geqslant 0\end{cases}$$

对应蓝方而言:

$$\max S(y')=\sum_{i=1}^{m}y_j'=y_1'+y_2'+y_3'$$

$$\begin{cases}3y_1'+2y_3'\leqslant 1\\2y_2'\leqslant 1\\2y_1'-y_2'+4y_3'\leqslant 1\\y_1',y_2',y_3'\geqslant 0\end{cases}$$

使用线性规划方法可得

$$x_1'=1/4,x_2'=9/16,x_3'=1/8$$

$$y_1'=1/8,y_2'=1/2,y_3'=5/16$$

由 $x'_1 + x'_2 + x'_3 = 1/v$,可得

$$1/4 + 9/16 + 1/8 = 1/v$$

$$v = 16/15$$

同理,由 $y'_1 + y'_2 + y'_3 = 1/v$,可得

$$1/8 + 1/2 + 5/16 = 1/v$$

$$v = 16/15$$

再由 $x'_i = x_i/v, y_j = y_j/v$ 可得本例的混合对策最优解为

$$x_1 = 4/15, \quad x_2 = 9/15, \quad x_3 = 2/15$$

$$y_1 = 1/15, \quad y_2 = 8/15, \quad y_3 = 5/15$$

第九章　决策原理及应用

第一节　决策问题基本原理

决策是现代管理的核心问题。所谓决策，是指在现代社会和经济发展进程中，针对某些宏观或微观的问题，按预定目标，采用一定的科学理论、方法和手段，从所有可供选择的方案中，找出最满意的一个方案，进行实施，直至目标的实现。

例如，一个企业从发展方向、产品开发、价格制定和市场占有，一直到各项专业管理和日常生产调度，都包含大量要决策的问题。

一、决策的分类

从不同的角度可得不同的决策分类：

(1)决策按内容和层次可分为战略决策和战术决策。

(2)决策按重复程度可分为程序决策和非程序决策。

(3)决策按问题性质和条件可分为确定型、不确定型、风险型和竞争型决策。

(4)决策按时间可划可分为长期决策、中期决策和短期决策。

(5)决策按达到的目标可分为单目标决策和多目标决策。

(6)决策按阶段可分为单阶段决策和多阶段决策。

(7)按决策人参与情况可分为个人决策和群体决策。

二、决策过程

1. 决策的过程

作为一个完整的决策过程，一般应包括以下几个阶段：

(1)问题的确定。它包括对决策环境的调查、信息的收集以及决策目标的确立。

(2)方案的设计。通过分析决策目标，提出为实现该目标的有关方案。

(3)方案选优。应用各种定性定量方法，对方案进行可行性和技术经济方面的比较分析，然后从中找出最满意的一个。

(4)实施。选定方案并在此过程中对原有方案进行修改调整。

2. 决策包含的要素

一个完整的决策包含下面5个要素：

(1)决策者，可以是个人或集体。

(2)至少有两个以上可供选择的方案。

(3)是存在不依决策者主观意志为转移的客观环境条件下的。

(4)是可以测知各个方案与可能出现的状态的相应结果。

(5)是衡量各种结果的评价标准。

三、求解不确定型决策的准则及方法

1.不确定型决策

不确定型决策是决策者对他所面临的问题有若干种方案可以去解决,但这些方案的执行将出现哪些事件或状态,缺乏必要的情报资料。决策者只能根据自己对事物的态度进行决策分析和抉择。不同的决策者可以有不同的决策准则,因此,同一问题就可能有不同的抉择和结果。

由决策者的主观态度不同基本可分为 4 种准则:悲观主义准则,乐观主义准则,等可能性准则和最小机会准则。

例 9-1　设某工厂是按批生产某产品并按批销售的,每件产品的成本为 30 元,批发价格为每件 35 元。若每月生产的产品当月销售不完,则每件损失 1 元。工厂每投产一批是 10 件,最大月生产能力是 40 件,决策者可选择的生产方案为 0,10,20,30,40 这 5 种(见表 9-1)。

假设决策者对其产品的需求情况一无所知,试问这时决策者应如何决策?

表　9-1

E_j \ S_i		事件				
		0	10	20	30	40
策略	0	0	0	0	0	0
	10	-10	50	50	50	50
	20	-20	40	100	100	100
	30	-30	30	90	150	150
	40	-40	20	80	140	200

2.悲观主义决策

悲观主义决策亦称保守型的决策准则。当决策者面临情况不明,以及决策错误可能造成很大的经济损失时,他处理问题就会比较小心、谨慎。他会从最坏的结果着想,再从中选择其中最好的。在收益矩阵中,先从各策略所对应的可能发生事件的结果中选出最小值。将它们列于收益矩阵的最右列,再从该列中挑出最大的值,其对应的策略即为决策者应选择的策略(见表 9-2)。

表　9-2

E_j \ S_i		事件					min
		0	10	20	30	40	
策略	0	0	0	0	0	0	0(max)
	10	-10	50	50	50	50	-10
	20	-20	40	100	100	100	-20
	30	-30	30	90	150	150	-30
	40	-40	20	80	140	200	-40

3.乐观主义决策准则

乐观主义者考虑问题时与悲观主义者相反。他在决策时,虽在情况不明的条件下,也决不放弃任何一个获得最好结果的机会。他充满着乐观冒险的精神,要争取好中之好。其用符号表示为 max max 准则(见表 9-3)。

表 9-3

S_i \ E_j		事件					max
		0	10	20	30	40	
策略	0	0	0	0	0	0	0
	10	−10	50	50	50	50	50
	20	−20	40	100	100	100	100
	30	−30	30	90	150	150	150
	40	−40	20	80	140	200	200(max)

4.等可能性准则

等可能性准则又称拉普拉斯(Laplace)准则。该准则认为一个人面临着某个事件集合,在没有什么特殊理由来说明这个事件比那个事件有更多的发生机会时,只能认为它们的发生机会是等可能的或机会相等的。一个决策者面临情况不明的决策问题时,他应当不偏不倚地去对待将发生的每一事件,因此,决策者赋予每个事件以相同的概率,然后计算出每一个策略收益的期望值(见表 9-4)

表 9-4

S_i \ E_j		事件					$E(S_i)=\sum_j pa_{ij}$
		0	10	20	30	40	
策略	0	0	0	0	0	0	0
	10	−10	50	50	50	50	38
	20	−20	40	100	100	100	64
	30	−30	30	90	150	150	78
	40	−40	20	80	140	200	80(max)

5.最小机会损失准则

最小机会损失准则是由经济学家萨万奇(Svage)提出来的,又叫 Svage 最小最大决策准则。计算步骤为首先构造一个机会损失矩阵,方法如下:

(1) 从事件 j 的所在列中找出一个最大的收益值。

(2) 用这个最大收益值减去每个策略对应事件 j 发生的条件收益值,便得机会损值。

根据机会损失矩阵进行决策分析的步骤:

(1) 从各策略所在行中挑出最大的机会损失值列于矩阵最右列。

(2) 从最右列的数值中选择最小的,它所对应的策略即为决策者按最小机会损失准则所得的最优策略(见表 9－5)。

表　9－5

S_i \ E_j		事件					max
		0	10	20	30	40	
策略	0	0	50	100	150	200	200
	10	－10	0	50	100	150	150
	20	－20	10	0	50	100	100
	30	－30	20	10	0	50	50
	40	－40	30	20	10	0	40(min)

6. 折中主义准则

当用 min max 决策准则或 max max 决策准则来处理时,有的决策者认为这样太极端了。于是有人提出把这两种决策准则予以综合,令 a 为乐观系数,且 $0 \leqslant a \leqslant 1$。并用以下关系式表示:

$$H_i = a a_{i_{\max}} + (1-a) a_{i_{\min}}$$

$a_{i_{\max}}$,$a_{i_{\min}}$ 分别表示第 i 个策略可能得到的最大收益值和最小收益值。设 $a=1/3$,将计算得到的 H_i 值记在表 9－6 的右端,然后选择

$$S_k^* \rightarrow \max_i \{H_i\}$$

表　9－6

S_i \ E_j		事件					H_i
		0	10	20	30	40	
策略	0	0	0	0	0	0	0
	10	－10	50	50	50	50	10
	20	－20	40	100	100	100	20
	30	－30	30	90	150	150	30
	40	－40	20	80	140	200	40(max)

在不确定性决策中,是因人因地因时选择决策准则的,但在实际中当决策者面临不确定型决策问题时,它首先是获取有关各事件发生的信息,使不确定性决策问题转化为风险决策。

四、求解风险决策的准则及方法

1. 风险决策的概念

风险决策是指决策者对客观情况不甚了解,但对将发生各事件的概率是已知的。决策者往往经过调查,根据过去的经验或主观估计等途径获得这些概率。在风险决策中,决策人一般采用期望值作为决策准则,常用的有最大期望收益决策准则和最小机会损失决策准则。

2. 最大期望收益决策准则(EMV)

根据各事件的概率计算出各策略的期望收益值，并从中选择最大的期望值，以它对应的策略为最优策略，这就是最大期望值决策准则。

各事件发生的概率为 p_j，先计算各策略的期望收益值为

$$\sum_j p_j a_{ij}, \quad i=1,2,\cdots,n$$

然后从这些期望收益值中选取最大者，它对应的策略为决策应选策略。即

$$\max_i \sum_j p_j a_{ij} \rightarrow S_k^*$$

以例 9-1 的数据进行计算，可得最大期望收益决策(见表 9-7)。

表 9-7

E_j \ S_i		事件					EMV
		0	10	20	30	40	
策略	0	0	0	0	0	0	0
	10	−10	50	50	50	50	44
	20	−20	40	100	100	100	76
	30	−30	30	90	150	150	84(max)
	40	−40	20	80	140	200	80

3. 最小机会损失决策准则(EOL)

矩阵的各元素代表“策略-事件”相对应的机会损失值，各事件发生的概率为 p_j，先计算各策略的期望损失值，即

$$\sum_j p_j a'_{ij}, \quad i=1,2,\cdots,n$$

然后从这些期望损失值中得最小者，它对应的策略应是决策者所选策略，即

$$\min_i \sum_j p_j a'_{ij} \rightarrow S_k^*$$

4. EMV 与 EOL 决策准则的关系

从本质上讲 EMV 与 EOL 决策准则是一样的，它们之间的关系如下：

设 a_{ij} 为决策矩阵的收益值。因为当发生的事件的所需量等于所选策略的生产量时，收益值最大，即在收益矩阵的对角线上的值都是其所在列中的最大者，所以机会损失矩阵可通过以下方式求得(见表 9-8)。

表 9-8

E_j \ S_i	E_1	E_2	…	E_n
p_j	p_1	p_2	…	p_n
S_1	$a_{11}-a_{11}$	$a_{22}-a_{12}$	…	$a_{nn}-a_{1n}$
S_2	$a_{11}-a_{21}$	$a_{22}-a_{22}$	…	$a_{nn}-a_{2n}$
⋮	⋮	⋮	⋮	⋮
S_n	$a_{11}-a_{n1}$	$a_{22}-a_{n2}$	…	$a_{nn}-a_{nn}$

第 i 策略的机会损失：

$$\begin{aligned} EOL_i &= p_1(a_{11}-a_{1i})+p_2(a_{22}-a_{2i})+\cdots+p_n(a_{nn}-a_{ni}) = \\ &p_1a_{11}+p_2a_{22}+\cdots+p_na_{nn}-(p_1a_{1i}+p_2a_{2i}+\cdots+p_na_{ni}) = \\ &K-(p_1a_{1i}+p_2a_{2i}+\cdots+p_na_{ni}) = K-EMV_i \end{aligned}$$

故当 EMV 为最大时，EOL 便为最小。因此，决策时用这两个决策准则所得结果是相同的。

5. 全情报的价值(EVPI)

在决策者耗费了一定的经费进行调研，获得了各事件发生概率的信息后，应采用“随机应变”的战术。这时所得的期望收益称为全情报的期望收益，记作 EPPL，即 $EPPL \geqslant EMV^*$，则

$$EPPL - EMV^* = EVPI$$

称为全情报的价值。

6. 主观概率

风险决策时，决策者要估计各事件出现的概率，而许多决策问题的概率不能通过随机试验去确定，根本无法进行重复试验。如估计某企业倒闭的可能性，只能由决策者根据他对事件的了解去确定。这样确定的概率反映了决策者对事件出现的信念程度，称为主观概率。客观概率论者认为概率如同质量、容积、硬度等一样，是研究的物理属性。主观概率论者认为概率是人们对现象的知识的现状的测度，而不是现象本身的测度，因此不是研究对象的物理属性。主观概率论者不是主观臆造事件发生的概率，而是依赖于对事件做周密的观察，去获得事前信息。事前信息愈丰富，确定的主观概率就愈准确。主观概率是进行决策的依据，当确定主观概率时，一般采用专家估计法。专家估分法又分为直接估计法和间接估计法。

直接估计法。直接估计法是要求参加估计者直接给出概率的估计方法。

间接估计法。间接估计法是指参加估计者通过排队或相互比较等间接途径给出概率的估计方法。

有些决策问题，在进行决策后又产生一些新情况，并需要进行新的决策，接着又有一些新情况，又需要进行新的决策。这样决策、情况、决策 …… 构成一个序列，这就是序列决策。描述序列决策的有力工具是决策树，决策树是由决策点、事件点及结果构成的树形图。

一般选用最大收益期望值和最大效用期望值或最大效用值为决策准则。

例 9-2　设有某石油钻探队，在一片估计能出油的荒田钻探。可以先做地震试验，然后决定钻井与否，或不做地震试验，只凭经验决定钻井与否。做地震试验的费用每次 3 000 元，钻井费用为 10 000 元。若钻井后出油，钻探队可收入 40 000 元；若不出油就没有任何收入。各种情况下出油的概率已估计出，并标在图 9-1 上。问钻探队的决策者如何做出决策才能使收入的期望值为最大？

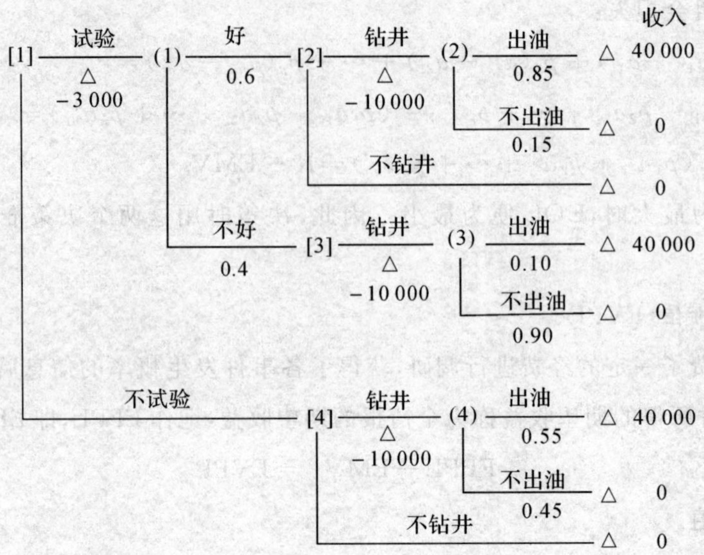

图 9-1

[.]表示决策点；(.)表示事件点；△表示收益点，负值表示支付

五、贝叶斯决策方法

1. 贝叶斯基本公式

贝叶斯决策方法使用的基本公式：

设有事件组 $\{\theta_j\}$ $(j=1,2,\cdots,n)$ 满足条件 $\theta_i \cap \theta_j = \phi(i,j=1,2,\cdots,n,i\neq j)$，并且 $\bigcup_{j=1}^{N}\theta_j=\Omega$，则对任一随机事件 H，均有

$$P(H)=\sum_{j=1}^{n}P(H/\theta_j)P(\theta_j) \tag{9-1}$$

$$P(\theta_i/H)=\frac{P(H/\theta_i)P(\theta_i)}{P(H)}=\frac{P(H/\theta_i)P(\theta_i)}{\sum_{j=1}^{n}P(H/\theta_j)P(\theta_j)} \tag{9-2}$$

式中，$P(H)>0$。式(9-2)称为贝叶斯公式。

如果在贝叶斯公式中，$\{\theta_j\}$ 为状态变量，$P(\theta_j)$ 为状态变量的先验概率分布，H 为补充信息值，贝叶斯公式就给出了用补充信息值修正先验概率分布的计算公式，从而稳定了先验概率分布 $P(\theta_i/H)$。

当用贝叶斯决策方法进行决策时，注意利用贝叶斯基本公式修正先验概率分布，从而使用后验概率进行决策，使决策更加合理。

2. 贝叶斯决策的基本步骤

设风险型决策问题的状态变量为 $\theta_j(j=1,2,\cdots,n)$，其先验概率分布为 $P(\theta_j)$，补充信息值为 $H_i(i=1,2,\cdots,m)$。补充信息值的可靠程度用条件分布矩阵表示：

$$P=\begin{bmatrix} P(H_1/\theta_1) & P(H_1/\theta_2) & \cdots & P(H_1/\theta_n) \\ P(H_2/\theta_1) & P(H_2/\theta_2) & \cdots & P(H_2/\theta_n) \\ \cdots & \cdots & \cdots & \cdots \\ P(H_m/\theta_1) & P(H_m/\theta_2) & \cdots & P(H_m/\theta_n) \end{bmatrix}$$

此矩阵为似然分布矩阵，它完整地描述了信息值 H_i 在状态变量值 θ_j 条件下的概率分布情况。贝叶斯决策就是利用补充信息值的似然分布，去修正先验分布。通过贝叶斯求出状态变量的后验分布，并用后验分布进行决策分析。

贝叶斯决策的基本步骤如下：

(1) 验前分析。决策者依据历史和统计资料、自己的经验和知识，估计状态变量的先验分布，或在拟制预案时使用的概览分布。用先验分布计算各方案的期望结果值，按照某种准则，对各可行方案进行评价和选择，这个过程称为验前分析。

(2) 预验分析。如果客观条件允许，应该进一步收集和补充新信息。比较新信息获取的价值，估计补充信息对期望收益值的增加量，判断补充信息的实际价值，确定是否补充信息，这个过程称为预验分析。如果获取新信息可行且代价可承受，本过程可以省略。

(3) 验后分析。在完成补充信息的收集后，便进行验后分析，即利用补充信息对预验分布进行修正，得到更符合实际情况的验后分布。预验分析和验后分析都需要利用贝叶斯公式修正预验分布，两者不同之处在于，前者是依据可能的补充信息进行修正，后者是依据实际的补充信息进行修正。

(4) 序贯分析。对于比较复杂的决策问题，往往需要划分若干阶段，每一阶段一般又需要进行验前分析、预验分析和验后分析，并计算补充信息的价值。这个由若干阶段组成的全过程，称为序贯分析。

第二节　导弹补充打击决策问题

导弹打击的目标一般都具有战略战术地位高、抗毁性强、防护严密等特点，经打击后，毁伤效果往往达不到预定的毁伤要求，作战任务得不到很好地完成。为了较好地完成作战任务，通常还要对目标进行补充打击。目前，对于目标真实的毁伤程度只能依据各种情报侦查手段获取，因此，如何利用现有的情报侦查信息，结合决策者的作战指挥经验和指挥意志，寻求一种最优的决策规则是导弹作战运筹中亟待解决的问题。

一、补充打击决策问题的决策树模型

补充打击决策问题的决策树模型如图 9－2 所示，图中的方点成为决策点，由决策者选择，相应的分支称为决策支，圆点称为机会点。集合 $\Xi=\{\theta_1,\theta_2,\theta_3\}$ 表示所有可能的自然状态，集合 $A=\{a_1,a_2,a_3\}$ 表示决策者所有可能的决策，$c_1,c_1,\cdots,c_9$ 为所有可能的后果，$b_1,b_1,\cdots,b_9$ 为相应后果下的效费比，利用效费比可对后果进行量化。

二、补充打击决策问题的贝叶斯分析模型

1. 效用函数

在决策论中，效用是用来度量人们对风险条件下决策后果或益损值的偏好程度。效用函

数 $u(\theta,a)$ 是定义在 $\Xi\times A$ 上的一实值函数，包含了各种后果对决策所产生的效用。

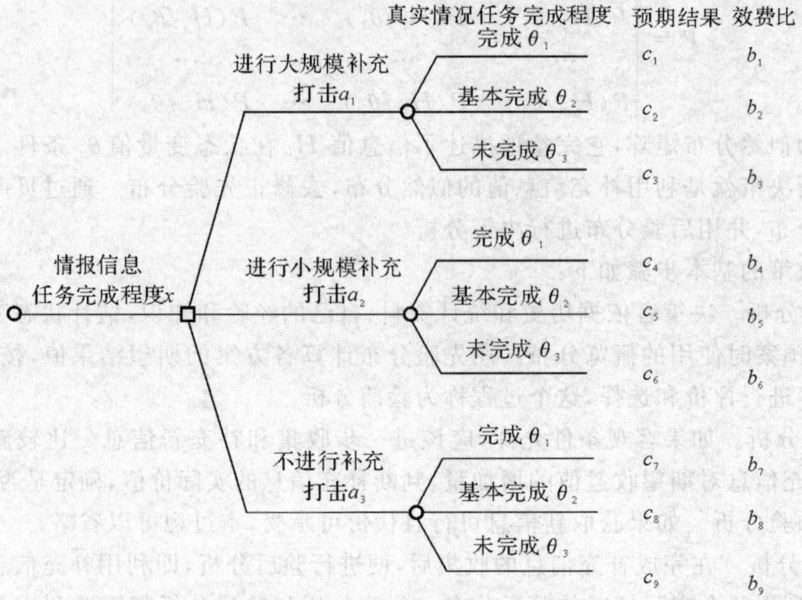

图 9-2　补充打击问题的决策树模型

由于决策者的偏好程度不同，本文所述补充打击决策问题的 12 种后果很难对其进行优先程度的排序，但一般地，可将后果 c_7 作为最好的后果，c_9 作为最坏的后果，令 $u(b_7)=1$ 和 $u(b_9)=0$，对于其他后果的效用可以根据决策者的偏好构造效用函数曲线，如图 9-3 所示。

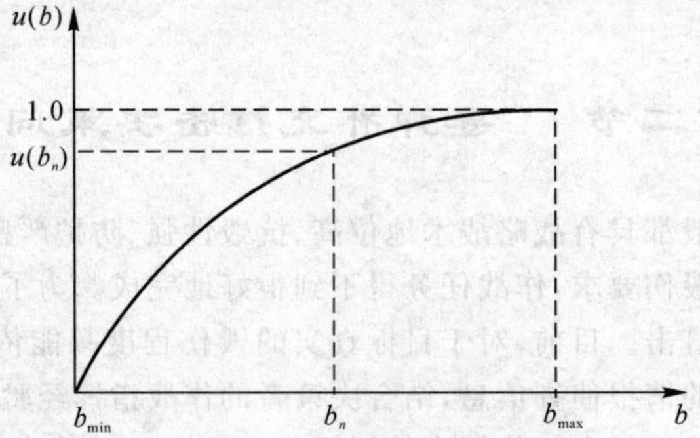

图 9-3　效用函数曲线

2. 损失函数、风险函数和贝叶斯风险

损失函数记作 $l(\theta,a)$，表示一决策问题当状态为 θ，决策人的行动为 a 时，所产生的后果使决策人遭受的损失。为了使损失函数总是非负的，可以把它定义为

$$l(\theta,a)=\sup_{\theta\in\Xi}\sup_{a\in A}u(\theta,a)-u(\theta,a)$$

如果任务完成程度的真实状态为 θ，决策者采用的决策规则为 δ，当情报信息表明任务完成程度为 x 时，决策者采取的行动 a 为 $\delta(x)$，例如：

$$\delta(x)=\begin{cases}a_1 & x\leqslant k_1\\ a_2 & k_2>x>k_3,\quad 0\leqslant x\leqslant 1,\quad 0\leqslant k_i\leqslant 1\\ a_3 & x\geqslant k_4\end{cases}$$

式中，k_i 表示根据情报信息得到的任务完成程度值作出决策的阈值，决策的损失函数为 $l(\theta,\delta(x))$。当给定 θ，则 $l(\theta,\delta(x))$ 对 x 的期望值称为风险函数，并记为 $R(\theta,\delta)$，$R(\theta,\delta)=E_\theta^x l(\theta,\delta(x))$，上式中 E_θ^x 表示在给定的 θ 对随机变量 X 取期望值。因此风险函数 $R(\theta,\delta)$ 是真实的状态为 θ 时，决策人采用决策规则 θ 的期望损失，如 X 为连续随机变量，则

$$R(\theta,\delta)=\int_{x\in X} l(\theta,\delta(x))f(x/\theta)\mathrm{d}x$$

如 X 为离散随机变量，则

$$R(\theta,\delta)=\sum_{x\in X} l(\theta,\delta(x))f(x/\theta)$$

由于决策者事先并不知道真实的状态 θ，他只能对随机状态 θ 的先验密度 $\pi(\theta)$ 做某种主观的估计。因此，进行决策分析时，还需要把风险函数 $R(\theta,\delta)$ 对 θ 取期望值，即

$$r(\pi,\delta)=\int_{x\in X} E^\pi R(\theta,\delta)=E^\pi[E_\theta^x l(\theta,\delta(x))]$$

如 θ 为连续的随机变量，则

$$r(\pi,\delta)=\int_{\theta\in\Xi} R(\theta,\delta)\pi(\theta)\mathrm{d}\theta=\int_{\theta\in\Xi}\int_{x\in X} l(\theta,\delta(x))f(x/\theta)\pi(\theta)\mathrm{d}x\mathrm{d}\theta$$

如 θ 为离散的随机变量，则

$$r(\pi,\delta)=\sum_{\theta\in\Xi} R(\theta,\delta)\pi(\theta)\mathrm{d}\theta=\sum_{\theta\in\Xi}\sum_{x\in X} l(\theta,\delta(x))f(x/\theta)\pi(\theta)$$

$r(\pi,\delta)$ 称为决策规则 δ 相对于 π 的贝叶斯风险。

3. 贝叶斯决策原则

决策分析的目的是选择一决策规则 δ，使它按某种意义为最优。若决策规则优劣的定义不同，则最优决策规则当然也不相同。如果 δ_1 和 δ_2 的贝叶斯风险有以下关系：

$$r(\pi,\delta_1)<r(\pi,\delta_2)$$

则根据贝叶斯原则定义一决策规则 δ_1 优于另一决策原则 δ_2。

三、模型的求解实例

当决策者进行两次打击决策时，根据对作战全局的整体把握，在咨询专家意见的基础上对 12 种可能的后果构造效用函数(见表 9-9)。

表　9-9

后果 c_i	c_1	c_2	c_3	c_4	c_5	c_6	c_7	c_8	c_9
效用 $u(c_i)$	0.1	0.3	0.9	0.2	0.7	0.8	1.0	0.50	0.0

由此可得损失函数(见表 9-10)。

表　9-10

θ_i,a_j	θ_1,a_1	θ_2,a_1	θ_3,a_1	θ_1,a_2	θ_2,a_2	θ_3,a_2	θ_1,a_3	θ_2,a_3	θ_3,a_3
损失 $l(\theta_i,a_j)$	0.9	0.7	0.1	0.8	0.3	0.2	0.0	0.50	1.0

决策者根据情报侦查信息进行补充打击决策，其决策规则如下：

$$\delta(x)=\begin{cases}a_1 & x\geqslant 0.8\\ a_2 & 0.4<x<0.8,\quad 0\leqslant x\leqslant 1\\ a_3 & x\leqslant 0.4\end{cases}$$

由于情报信息的误差是由许多误差因素综合作用的结果，设情报侦查信息的准确性服从正态分布，认为其均值为真实情况下的任务完成程度，则在分析情报信息系统的基础上得出一适当方差，即

$$f(x/\theta)=\begin{cases}\dfrac{1}{\sqrt{2\pi}\sigma}\exp\left(-\dfrac{(x-\theta)^2}{2\sigma^2}\right) & 0\leqslant x\leqslant 1\\ 0 & \text{其他}\end{cases}$$

在 $\theta_1,\theta_2,\theta_3$ 三种真实情况下，上式中 θ 可分别取值 0.8，0.6 和 0.3，σ 的取值是随着 θ 值而变化的，这反映了在不同的打击效果下情报侦查信息的精度是不同的，为了计算方便，本例中 σ 取一定值为 0.2。

决策者根据指挥作战经验认为，真实情况下任务完成程度的概率（先验概率 $\pi(\theta)$）如表 9-11 所示。

表　9-11

真实任务完成的程度 θ	θ_1	θ_2	θ_3
概率 $\pi(\theta)$	0.3	0.5	0.2

该决策者按上述的决策规则进行决策的风险函数为

$$R(\theta,\delta)=R_1(\theta,\delta)+R_2(\theta,\delta)+R_3(\theta,\delta)$$

$$\begin{aligned}R_1(\theta,\delta)=&\int_0^{0.4}\frac{1}{0.2\sqrt{2\pi}}\exp\left[-\frac{(x-0.8)^2}{2\times 0.2^2}\right]\times 0.1\mathrm{d}x+\\&\int_{0.4}^{0.8}\frac{1}{0.2\sqrt{2\pi}}\exp\left[-\frac{(x-0.8)^2}{2\times 0.2^2}\right]\times 0.2\mathrm{d}x+\\&\int_{0.8}^{1.0}\frac{1}{0.2\sqrt{2\pi}}\exp\left[-\frac{(x-0.8)^2}{2\times 0.2^2}\right]\times 1.0\mathrm{d}x\end{aligned}$$

$$\begin{aligned}R_2(\theta,\delta)=&\int_0^{0.4}\frac{1}{0.2\sqrt{2\pi}}\exp\left[-\frac{(x-0.6)^2}{2\times 0.2^2}\right]\times 0.3\mathrm{d}x+\\&\int_{0.4}^{0.8}\frac{1}{0.2\sqrt{2\pi}}\exp\left[-\frac{(x-0.6)^2}{2\times 0.2^2}\right]\times 0.7\mathrm{d}x+\\&\int_{0.8}^{1.0}\frac{1}{0.2\sqrt{2\pi}}\exp\left[-\frac{(x-0.6)^2}{2\times 0.2^2}\right]\times 0.5\mathrm{d}x\end{aligned}$$

$$\begin{aligned}R_3(\theta,\delta)=&\int_0^{0.4}\frac{1}{0.2\sqrt{2\pi}}\exp\left[-\frac{(x-0.3)^2}{2\times 0.2^2}\right]\times 0.9\mathrm{d}x+\\&\int_{0.4}^{0.8}\frac{1}{0.2\sqrt{2\pi}}\exp\left[-\frac{(x-0.3)^2}{2\times 0.2^2}\right]\times 0.8\mathrm{d}x+\\&\int_{0.8}^{1.0}\frac{1}{0.2\sqrt{2\pi}}\exp\left[-\frac{(x-0.3)^2}{2\times 0.2^2}\right]\times 0.0\mathrm{d}x\end{aligned}$$

决策者采用此决策规则进行决策的贝叶斯风险为

$$r(\pi,\delta)=\sum_{i=1}^{3}R_i(\theta,\delta)\pi(\theta_i)=0.44\times0.3+0.59\times0.5+0.80\times0.2=0.587$$

当 σ 取 0.1 时，效用函数及决策准则都不变，可求得贝叶斯风险 $r(\pi,\delta)$ 为 0.682。

这表明当情报信息的准确度提高后应选用新的决策规则使贝叶斯风险减小。

当 σ 取 0.2 时，决策者的决策规则改变如下：

$$\delta(x)=\begin{cases}a_1 & 0.7\leqslant x\leqslant 1\\ a_2 & 0.3<x<0.7\\ a_3 & 0\leqslant x\leqslant 0.3\end{cases}$$

可求得贝叶斯风险 $r(\pi,\delta)$ 为 0.632。

这表明 σ 取 0.2，其他条件不变时新决策规则的贝叶斯风险大于原来的决策规则。

四、结论分析

本节给出了具体算例的完整的求解方法，利用这个方法针对具体问题可以根据决策者构建的效用函数和打击效果的预测迭代求解最佳的决策规则（贝叶斯风险最小）；也可以根据不同的情报信息的准确度，求解最佳的决策规则；还可以应用于评判情报信息的准确度，提高对作战效能的影响等。贝叶斯分析方法在补充打击决策问题中有着广泛的应用前景。

第十章 层次分析法原理及应用

第一节 层次分析法基本原理

层次分析法(Analytic Hierrarchy Process,AHP)是美国运筹学家沙旦(T. L. Saaty)于20世纪70年代提出的,是一种定性与定量分析相结合的多目标决策分析方法。这种分析方法将决策者的经验判断给予量化,适用于目标(因素)结构复杂且缺乏必要数据的情况下,因此,近几年来此法在我国实际应用中发展较快。

一、层次分析法简介

例如,某工厂在扩大企业自主权后,有一笔企业留成的利润,这时厂领导要合理使用这笔资金。根据各方面反映和意见,提出可供领导决策的方案有①作为奖金发给职工;②扩建职工食堂、托儿所;③开办职工业余技术学校和培训班;④建立图书馆;⑤引进新技术扩大生产规模等。领导决策时,要考虑到调动职工劳动生产积极性,提高职工文化技术水平,改善职工物质文化生活状况等方面。对这些方案的优劣性进行评价、排队后,才能作出决策。

面对这类复杂的决策问题,处理的方法是,先对问题所涉及的因素进行分类,然后构造一个各因素相互联结的层次结构模型。

因素分类:一为目标类,如合理使用今年企业留利××万元,以促进企业发展;二为准则类,这是衡量目标能否实现的标准,如调动职工积极性,提高企业的生产技术水平;三为措施类,是指实现目标的方案、方法、手段等,如发奖金,扩建集体福利设施,引进新技术等。

按从目标到措施,自上而下地将各类因素之间的直接影响关系排列于不同层次,并构成一层次结构图,如图10-1所示。

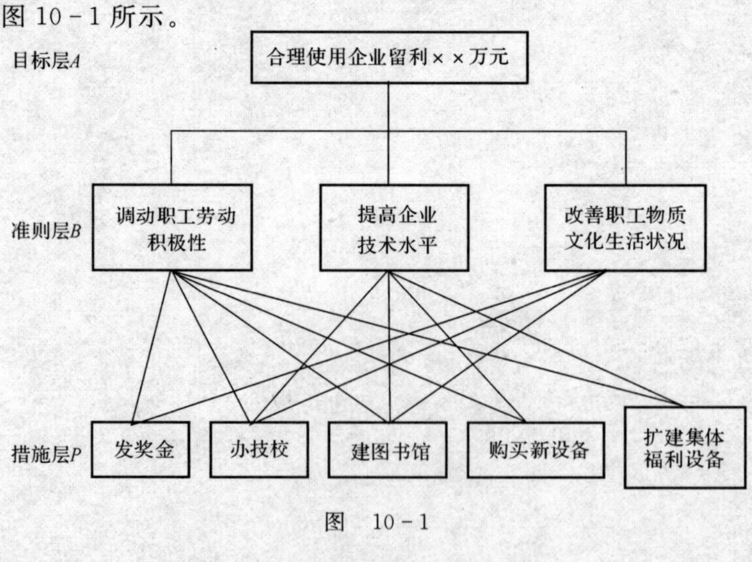

图 10-1

构造各类问题的层次结构图是一项细致的分析工作，要有一定经验。根据层次结构图确定每一层的各因素的相对重要性的权数，直至计算出措施层各方案的相对权数。这就给出了各方案的优劣次序，以便供领导决策。

这个方法的原理是这样的。

设有 n 件物体 $A_1, A_2, \cdots, A_n$；它们的质量分别为 $\omega_1, \omega_2, \cdots, \omega_n$。若将它们两两地比较质量，其比值可构成 $n \times n$ 矩阵 $\boldsymbol{A}$。

$$\boldsymbol{A} = \begin{bmatrix} \omega_1/\omega_1 & \omega_1/\omega_2 & \cdots & \omega_1/\omega_n \\ \omega_2/\omega_1 & \omega_2/\omega_2 & \cdots & \omega_2/\omega_n \\ \vdots & \vdots & & \vdots \\ \omega_n/\omega_1 & \omega_n/\omega_2 & \cdots & \omega_n/\omega_n \end{bmatrix} \tag{10-1}$$

$\boldsymbol{A}$ 矩阵具有如下性质：若用重量向量

$$W = [\omega_1, \omega_2, \cdots, \omega_n]^{\mathrm{T}}$$

右乘 $\boldsymbol{A}$ 矩阵得到

$$\boldsymbol{AW} = \begin{bmatrix} \omega_1/\omega_1 & \omega_1/\omega_2 & \cdots & \omega_1/\omega_n \\ \omega_2/\omega_1 & \omega_2/\omega_2 & \cdots & \omega_2/\omega_n \\ \vdots & \vdots & & \vdots \\ \omega_n/\omega_1 & \omega_n/\omega_2 & \cdots & \omega_n/\omega_n \end{bmatrix} \cdot \begin{bmatrix} \omega_1 \\ \omega_2 \\ \vdots \\ \omega_n \end{bmatrix} = n \begin{bmatrix} \omega_1 \\ \omega_2 \\ \vdots \\ \omega_n \end{bmatrix} = n\boldsymbol{W}$$

即

$$(\boldsymbol{A} - n\boldsymbol{I})\boldsymbol{W} = 0$$

由矩阵理论可知，$\boldsymbol{W}$ 为特征向量，n 为特征值。若 $\boldsymbol{W}$ 为未知，则可根据决策者对物体之间两两相比的关系，主观作出比值的判断，或用Delphi法来确定这些比值，使 $\boldsymbol{A}$ 矩阵为已知，故判断矩阵记作 $\bar{\boldsymbol{A}}$。

根据正矩阵的理论，可以证明：若 $\boldsymbol{A}$ 矩阵有以下特点（设 $a_{ij} = \omega_i/\omega_j$）：

(1) $a_{ii} = 1$；

(2) $a_{ij} = 1/a_{ji} \quad (i, j = 1, 2, \cdots, n)$；

(3) $a_{ij} = a_{ik}/a_{jk} \quad (i, j = 1, 2, \cdots, n)$。

则该矩阵具有唯一非零的最大特征值 $\lambda_{\max}$，且 $\lambda_{\max} = n$。

若给出的判断矩阵 $\bar{\boldsymbol{A}}$ 具有上述特征，则该矩阵具有完全一致性。然而当人们对复杂事物的各因素，采用两两比较时，不可能做到判断的完全一致性，存在估计误差，这必然导致特征值及特征向量也有偏差。这时，问题由 $\boldsymbol{AW} = n\boldsymbol{W}$ 变成了 $\bar{\boldsymbol{A}}\boldsymbol{W}' = \lambda_{\max}\boldsymbol{W}'$，$\lambda_{\max}$ 是矩阵 $\bar{\boldsymbol{A}}$ 的最大特征值，$\boldsymbol{W}'$ 便是带有偏差的相对权重向量。这就是由判断不相容而引起的误差。为了避免误差太大，所以要衡量 $\bar{\boldsymbol{A}}$ 矩阵的一致性。当 $\boldsymbol{A}$ 矩阵完全一致时，因 $a_{ii} = 1$，$\sum_{i=1}^{n} \lambda_i = \sum_{i=1}^{n} a_{ii} = n$，存在唯一的非零 $\lambda = \lambda_{\max} = n$。而当 $\bar{\boldsymbol{A}}$ 矩阵存在判别不一致时，一般是 $\lambda_{\max} \geqslant n$。这时

$$\lambda_{\max} + \sum_{i \neq \max} \lambda_i = \sum_{i=1}^{n} a_{ii} = n$$

由于

$$\lambda_{\max} - n = -\sum_{i \neq \max} \lambda_i$$

以其平均值为判断矩阵一致性指标为

$$CI = \frac{\lambda_{\max} - n}{n-1} = \frac{-\sum_{i \neq \max} \lambda_i}{n-1} \tag{10-2}$$

当 $\lambda_{\max} = n$，$CI = 0$ 时，为完全一致；CI 值越大，判断矩阵的完全一致性越差。一般只要 $CI \leqslant 0.1$，就认为判断矩阵的一致性可以接受，否则重新进行两两比较。

判断矩阵的维数 n 越大，判断的一致性将越差，故应放宽对高维判断矩阵一致性的要求。于是引入修正值 RI(见表 10-1)，并取更为合理的 CR 为衡量判断矩阵一致性的指标。

$$CR = \frac{CI}{RI}$$

表　10-1

维数	1	2	3	4	5	6	7	8	9
RI	0.00	0.00	0.58	0.96	1.12	1.24	1.32	1.41	1.45

二、标度

为了使各因素之间进行两两比较得到量化的判断矩阵，引入 1 ～ 9 的标度。根据心理学家的研究提出：人们区分信息等级的极限能力为 7±2，特制定表 10-2。

可见，$n \times n$ 矩阵，只需要给出 $\frac{n(n-1)}{2}$ 个判断数值。

表　10-2

标度 \ a_{ij}	定　义
1	i 因素与 j 因素同等重要
3	i 因素与 j 因素略重要
5	i 因素与 j 因素较重要
7	i 因素与 j 因素非常重要
9	i 因素与 j 因素绝对重要
2,4,6,8	为以上两判断之间的中间状态对应的标度值
倒数	若 i 因素与 j 因素比较，得到判定值为 $a_{ji} = 1/a_{ij}$，$a_{ii} = 1$

三、层次模型

根据具体问题一般分为目标层、准则层和措施层。复杂的问题可分为总目标层、子目标层、准则层(或制约因素层)、方案措施层，或分为层次更多的结构。下面举例加以说明。

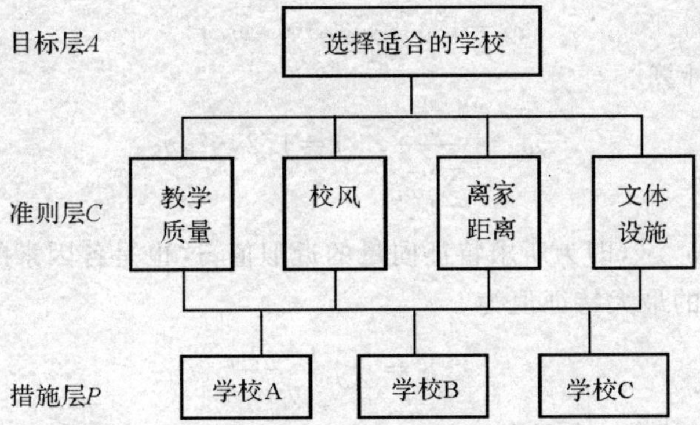

图　10 - 2

将选择的学校按给出的层次结构模型，设为目标层 A、准则层 C（有 k 个准则因素）、方案层 P（有 n 个方案）。由决策者用其他方案给出各层因素之间的两两比较的判断矩阵（见图10 - 2）。

A - C 判断矩阵为

$\boldsymbol{A}$	C_1	C_2	$\cdots$	C_k
C_1	a_{11}	a_{12}	$\cdots$	a_{1k}
C_2	a_{21}	a_{22}	$\cdots$	a_{2k}
$\vdots$	$\vdots$	$\vdots$		$\vdots$
C_k	a_{k1}	a_{k2}	$\cdots$	a_{kk}

$\boldsymbol{C_i}$	P_1	P_2	$\cdots$	P_n
P_1	a_{11}	a_{12}	$\cdots$	a_{1n}
P_2	a_{21}	a_{22}	$\cdots$	a_{2n}
$\vdots$	$\vdots$	$\vdots$		$\vdots$
P_n	a_{n1}	a_{n2}	$\cdots$	a_{nn}

四、权重的计算方法

一般地讲，在AHP法中计算判断矩阵的最大特征值与特征向量，并不需要高的精度，故用近似法计算即可。

方根法是一种近似计算方法，其计算步骤为

1）计算判断矩阵每行所有元素的几何平均值

$$\bar{\omega}_i = \sqrt[n]{\prod_{j=1}^{n} a_{ij}}\,,\quad i=1,2,\cdots,n$$

得到
$$\bar{\boldsymbol{\omega}}=[\bar{\omega}_1 \quad \bar{\omega}_2 \quad \cdots \quad \bar{\omega}_n]^{\mathrm{T}}$$

将 $\bar{\omega}_i$ 归一化，即计算
$$\omega_i=\frac{\bar{\omega}_i}{\sum_{i=1}^{n}\bar{\omega}_i},\quad i=1,2,\cdots,n$$

得到 $\bar{\boldsymbol{\omega}}=(\omega_1,\omega_2,\cdots,\omega_n)^{\mathrm{T}}$，即为所求特征向量的近似值，这也是各因素的相对权重。

2）计算判断矩阵的最大特征值为
$$\lambda_{\max}=\sum_{i=1}^{n}\frac{(\boldsymbol{A}\bar{\omega})_i}{n\bar{\omega}_i}$$

其中 $(\boldsymbol{A}\bar{\omega})_i$ 为向量 $\boldsymbol{A}\omega$ 的第 i 个元素。

3）计算判断矩阵一致性指标，检验其一致性。

4）在各层次的诸因素的相对权重都得到后，进行措施层的组合权重计算。

设有目标层 A、准则层 C、方案层 P 构成的层次模型（对于层次更多的模型，计算相同），目标层 A 对准则层 C 的相对权重为
$$\bar{\boldsymbol{\omega}}^1=[\omega_1^1 \quad \omega_2^1 \quad \cdots \quad \omega_k^1]^{\mathrm{T}}$$

准则层的各准则 C_i，对方案层 P 的 n 个方案的相对权重为
$$\bar{\boldsymbol{\omega}}_l^2=[\omega_{1l}^2 \quad \omega_{2l}^2 \quad \cdots \quad \omega_{nl}^2)^{\mathrm{T}},\quad l=1,2,\cdots,k$$

那么，各方案对目标而言，其相对权重是通过权重 $\bar{\boldsymbol{\omega}}^1$ 与 $\bar{\boldsymbol{\omega}}_l^2\,(l=1,2,\cdots,k)$ 组合而得到的，其计算可采用表格式进行（见表 10－3）。

这时得到的 $\boldsymbol{V}^2=(v_1^2 \quad v_2^2 \quad \cdots \quad v_n^2)^{\mathrm{T}}$ 为 P 层各方案的组合权重（见表 10－3）。

表　10－3

C层 / 权重 / P层	因素及权重				组合权重 $\boldsymbol{V}^{(2)}$
	C_1 ω_1^1	C_2 ω_2^1	…… ……	C_k ω_k^1	
P_1	ω_{11}^2	ω_{12}^2	…	ω_{1k}^2	$v_1^2=\sum_{j=1}^{k}\omega_j^1\omega_{1j}^2$
P_2	ω_{21}^2	ω_{22}^2	…	ω_{2k}^2	$v_2^2=\sum_{j=1}^{k}\omega_j^1\omega_{2j}^2$
⋮	⋮	⋮		⋮	⋮
P_n	ω_{n1}^2	ω_{n2}^2	…	ω_{nk}^2	$v_n^2=\sum_{j=1}^{k}\omega_j^1\omega_{nj}^2$

第二节　发射阵地选择问题

导弹具有射程远、威力大、精度高、突防能力强等特点，可打击敌纵深目标，为夺取战争主动权、赢得战争创造条件。但随着科学技术的迅猛发展，战场环境日趋复杂，对抗性越来越强。为充分发挥导弹武器性能，以最小的代价获取最大的成功，除导弹武器系统应具有较高的战术技术性能指标外，还必须对导弹火力进行科学有效的筹划。而导弹发射阵地选择是导弹

作战运筹的一项重要内容，选择的正确与否不仅影响导弹作战行动，而且直接影响着导弹突防能力，部队、武器装备生存能力，武器消耗，打击效果乃至作战任务的完成。因此，导弹发射阵地选择是导弹作战运用中面临亟待解决的实际问题，对其进行研究具有重要的军事价值和现实意义。

一、影响导弹发射阵地选择的主要因素分析

发射阵地是导弹作战训练的主要场所，是导弹实施发射，完成作战任务的主要依托，同时也是敌人进行反制的重要对象。因此，选择导弹发射阵地必须充分考虑敌情、我情和战场环境。通过综合分析不难发现，导弹发射阵地选择除受武器类型、导弹射程、阵地主射向、作战限制条件等确定因素制约外，还受战场环境、突防能力、生存能力、指挥条件、协同情况等不确定因素的影响。由于确定性因素对其影响比较简单，运用一般的数学模型，通过直接计算判断可准确确定；而不确定因素的影响则比较复杂，决策前难以准确识别决策过程的各个方面，并且其决策过程表现为各个阶段互相交错和循环反复，对这类问题一般没有固定的决策规则和通用模型可依。为使这类问题得到圆满解决，不仅要凭借决策者的经验智慧，更要借助于科学方法和先进工具，使不确定问题确定化，使定性信息定量化。因此，本节仅就不确定因素对发射阵地的影响进行讨论。

二、效果评价指标及其量化方法

假设在导弹发射阵地选择中有 X 种不确定因素的影响，对每种影响因素，虽说不能给出具体定量数值，但可根据作战环境的具体情况给出其程度等级。一般情况下可给出“好”“较好”“一般”“较差” 和“差”5 个程度等级。为便于定量计算，可利用灰色决策理论，将其进行白化处理，其白化区间和白化值如表 10 - 4 所示。

表　10 - 4

好	较好	一般	较差	差
1 ～ 0.8	0.8 ～ 0.6	0.6 ～ 0.4	0.4 ～ 0.2	0.2 ～ 0.0
0.9	0.7	0.5	0.3	0.1

这样，便可根据每种因素的具体白化值进行发射阵地的决策处理。

三、阵地选择决策数学方法

1. 效果指标矩阵的建立

假设利用 N 个发射阵地对 M 个目标实施打击，则 s_{ij} 表示利用 b_j 发射阵地对 a_i 目标实施打击的一种局势，这样就可得到$(N \times M)$ 阶局势矩阵 $\boldsymbol{S}$ 为

$$\boldsymbol{S} = \begin{bmatrix} s_{11} & s_{12} & \cdots & s_{1n} \\ s_{21} & s_{22} & \cdots & s_{2n} \\ \vdots & \vdots & & \vdots \\ s_{m1} & s_{m2} & \cdots & s_{mn} \end{bmatrix} \tag{10-3}$$

对于第 k 个效果评价指标，每一局势有一效果白化值，对于局势 s_{ij}，在第 k 个效果评价指

标下的局势效果白化值为 $u_{ij}(k)$，则可得对于第 k 个效果评价指标下的效果白化值矩阵 $\boldsymbol{U}(k)$ 为

$$\boldsymbol{U}(k)=\begin{bmatrix} u_{11}(k) & u_{12}(k) & \cdots & u_{1n}(k) \\ u_{21}(k) & u_{22}(k) & \cdots & u_{2n}(k) \\ \vdots & \vdots & & \vdots \\ u_{m1}(k) & u_{m2}(k) & \cdots & u_{mn}(k) \end{bmatrix} \tag{10-4}$$

2. 效果测度的建立

从表10-4中可以看出，白化值越大，使用该发射阵地的效果就越好，为充分体现相对优劣的程度，可引入效果测度 r_{ij}，即

$$r_{ij}(k)=u_{ij}(k)/\max_i \max_j u_{ij}(k) \tag{10-5}$$

其中，$u_{ij}(k)$ 表示局势 s_{ij} 在效果评价指标 k 条件下的效果白化值；$\max\limits_i \max\limits_j u_{ij}(k)$ 表示效果评价指标 k 条件下全体局势效果白化值中的最大值。

3. 综合效果评价

不同的效果评价指标对阵地选择影响程度不同，为充分反映各效果评价指标在阵地选择中作用的大小，可对各效果评价指标赋以不同的权值 $\boldsymbol{W}$，即

$$\boldsymbol{W}=[w_1 \quad w_2 \quad \cdots \quad w_x]$$

则对任一局势 s_{ij} 的综合效果评价为

$$r_{ij}=\sum_{k=1}^{x} w_k r_{ij}(k) \tag{10-6}$$

对所有局势进行处理后可得出综合效果评价矩阵 $\boldsymbol{R}$：

$$\boldsymbol{R}=\begin{bmatrix} r_{11} & r_{12} & \cdots & r_{1n} \\ r_{21} & r_{22} & \cdots & r_{2n} \\ \vdots & \vdots & & \vdots \\ r_{m1} & r_{m2} & \cdots & r_{mn} \end{bmatrix} \tag{10-7}$$

由此可见，$\boldsymbol{R}$ 矩阵中第 i 行各元素的大小排序便为 N 个阵地打击第 i 个目标的优化排序。

四、结论

由以上分析可以看出，该方法能将导弹发射阵地选择中的定性问题转化为定量问题进行处理，便于对决策优劣程度进行量化。虽说各因素影响程度等级必须由指挥决策人员战时根据作战态势确定，增加了指挥决策人员对敌情、我情、战场环境分析判断的难度，但它能较好地反映作战指挥决策人员的人为因素和决策判断能力及指挥才能。

第十一章 启发式算法原理及应用

第一节 启发式算法基本原理

一、基本概念

1. 问题的结构

有些实际问题的结构比较清晰，各元素之间的关系明确，边界清楚，容易为人们所认识，能够通过建模和使用一定的算法求得解决，这类问题称为良好结构问题。一般而言，良好结构问题具有以下特征：

(1)能建立起正确反映该问题性质的一种“可接受”模型，与问题有关的主要信息可纳入模型之中；

(2)模型所需要的数据能够获得；

(3)模型可解，能拟订出求解的程序性步骤和求解方法，而且，得到的解能体现解决问题的可行方案；

(4)可拟订出明确的准则，用以判定解的可行性和最优性；

(5)求解所需的计算量不太大，所需的费用不太多。

对于良好结构问题，常可用传统的(标准的)运筹学方法加以解决。如果问题的结构不良，使用传统的运筹学方法去处理就难以奏效。这时，与其歪曲事实，忽略或修正某些重要的条件，勉强使用某种标准模型而使问题易于求解，还不如保持问题的本来面目，建立基本符合问题实际情况的非标准模型。前者虽可用已有的标准算法求解，但由于问题的模型失真，得到的解难以符合实际和付诸实施；后者由于模型涉及因素多，结构复杂，而与传统的标准模型相去甚远，难以套用已有的标准算法。在后面这种情况下，为得到近似可用的解，分析人员必须运用自己的感知和洞察力，从与其有关而较基本的模型及算法中寻求其间的联系，从中得到启发，去发现适于解决该问题的思路和途径，这种方法称为启发式方法(Heuristic Method)，由此建立的算法称为启发式算法(Heuristic Algorithm)。

2. 启发式方法的特点

由上面的叙述可知，启发式方法是寻求解决问题的一种方法和策略，当然，它也可以是面向某种具体问题的一种求解方法。它建立在人们经验和判断的基础之上，体现了人的主观能动作用和创造力。

用启发式方法解决问题时强调“满意”，常常是得到满意解，决策者就认为可以了，而不去刻意追求最优性和探求最优解。之所以这样，其原因有以下几种：

(1)很多问题不存在严格最优解(例如目标之间矛盾的多目标问题),这时,对目标的满意性常比最优性更能准确地描述人们的选择行为;

(2)对有些问题,要得到它的最优解所花的代价大,不合算。

(3)从实际决策的需要出发,有时要求解具有过高的精度是没有必要的。

假定为解决某类问题设计了一个算法,它能用于求解所有这类问题,而且获得最优解的计算工作量可表示为这类问题“大小”的多项式函数,就称这个算法是确定型的多项式算法,简称为多项式算法或有效算法。很多组合优化问题(如设施定位问题、旅行售货员问题、多个工件在多个设备上的加工排序问题等)不存在多项式算法,要求其最优解就需花费巨大的代价。

用启发式方法求解问题常常是通过迭代过程实现的,因而需要拟定一套科学合理的解的搜索规则。为能得到满意解,在整个迭代过程中要不断注意和吸收新的信息,及时考察所使用的求解策略,必要时改变原来拟定的不合适的或过时的策略,建立新的搜索规则,注意从失败中吸取教训,并逐步缩小搜索范围。

在工业、商业、管理等方面的很多问题,目前不可能找到多项式算法,为使问题得以解决,自然需要求助于启发式方法。

启发式方法具有以下优点:

(1)计算步骤简单,要求的理论基础不高,可由未经高级训练的人员实现。

(2)与优化方法相比常可减少大量的计算工作量,从而显著节约开支和时间。

(3)易于将定量分析与定性分析相结合。

使用启发式方法时应注意得到的解的质量,由于采用启发式方法而使最终决策效果明显有所改善。在选用该方法时要考虑是否有现成的标准优化方法可以采用,如果使用优化方法的工作量可以接受,则应慎重考虑是否要选用启发式算法。

3. 启发式策略

当用启发式方法解决问题时,需要采用一定的策略。下面列出几个常用的策略,使用时可根据问题的性质和要求选用其中之一。为得到理想的效果,也可将几个策略联合起来使用。

(1)逐步构解策略。一个完整的解通常是由若干个分量组成的。当用该策略时,应建立某种规则,按一定次序每次确定解的一个分量,直至得到包含所有解分量的一个完整的解为止。

(2)分解合成策略。为求解一个复杂的大问题,可首先将其分解为若干个小的子问题,再选用合适的方法(包括启发式方法、优化方法、模拟方法等)按一定顺序求解每个子问题,根据子问题之间及其与总问题的关系(例如递进关系、包含(嵌套)关系、平行关系等),将子问题的解作为下一阶子问题的输入,或在相容原则下将子问题的解进行综合,经合成最后得到总问题合乎要求的解。

(3)改进策略。运用这一策略时,首先从一个初始解(初始解不必一定是可行解)出发,然后对解的质量(包括它产生的目标函数值、可行性及可接受性等)进行评价,并采用某种启发式方法设计改进规则,对解加以改进,反复进行如上的评价和改进,直至得到满意的解为止。为获得初始解,可用逐步构解策略或(和)分解合成策略,也可使用其他近似方法。在启发式方法中,好的初始解可大大提高求解效率和质量。

(4)搜索学习策略。本策略包括在解空间中的定向搜索以及在搜索过程中发现和收集新的信息，并根据对新信息的分析，重新确认或改变搜索方向，修正搜索参数，消去不必要的搜索范围，以有效提高搜索效率，尽快获得问题的解。

二、应用及例子

启发式方法在理论上是基于对比、分析、探索、综合的一种科学方法，同时它在使用上又是一种艺术，其成功程度取决于使用者的水平。为能较好地运用启发式方法解决实际问题，使用者必须具有比较广阔的知识，较好的基础和善于观察、分析、联想的能力，以及善于从类似问题的解决方法中获得启示的敏感性和素质。

下面结合几个例子研究如何使用启发式方法来解决实际问题。

例 11-1　n 个工件在 m 台设备上加工的最优顺序问题，目前尚无多项式算法。此处为简单计仅考虑两台设备 A 和 B，研究 n 个工件（$j=1,2,\cdots,n$）在这两台设备上顺次加工时应如何排列工件的顺序，这样才能使总加工时间（从在设备 A 上加工第一个工件起到在设备 B 上加工完最后一个工件止这段时间）尽可能短。此处要求每个工件都先在设备 A 上加工，加工完后再在设备 B 上加工。

解　如果工件在设备 A 上的加工顺序与在设备 B 上的加工顺序不同，由于增加了等待时间，将使总加工时间延长。因此，研究该问题时可将这种情况排除在外，不予考虑。即使如此，可能的排序方案仍有 $n!$ 个，随着工作数 n 的增多，其计算工作量增加很快。下面寻求用启发式方法的解决途径。

下面这个例子给出了 s 个工件分别在设备 A 和设备 B 上的加工时间 A_j 和 B_j（min）（见表 11-1），所有工件均先在设备 A 上加工，再在设备 B 上加工。要求确定使总加工时间最短的加工顺序。

表　11-1　　单位：min

	1	2	3	4	5	6
A	30	60	60	20	80	90
B	70	70	50	60	30	40

为了得到该问题的启发式方法，此处运用逐步构解策略。先考虑工件 1 和工件 2，其可能的排序方案有两个：1－2 和 2－1。由于 $B_1=B_2$，$A_1<A_2$，故将工件 1 排在前面加工所需的总加工时间较少。再看工件 2 和工件 3，由于 $A_2=A_3$，$B_3<B_2$，故将工件 3 排在工件 2 的后面加工所需的总加工时间较少。

对于两个工件在两台设备上的加工顺序问题，拟订出以下启发式迭代步骤。

(1) 令 $i=1,k=0$。

(2) 找最小加工时间，即

$$t_r=\min\{A_1,A_2,\cdots,A_n,\ B_1,B_2,\cdots,B_n\}$$

(3) 若 $t_r=A_j$，则安排工件 j 为第 i 个加工工件，并设置 $i=i+1$；若 $t_r=B_j$，则安排工件 j 为第 $n-k$ 个加工工件，并设置 $k=k+1$。

(4) 将 A_j 和 B_j 从工件加工时间表中删去,即不再考虑已排好加工顺序的工件 j。

(5) 转步骤(2),直至工件加工时间表变成空集。

现将上述步骤应用于表 11-1 所示的排序问题,得到各工件的加工顺序如下:

$$4 \to 1 \to 2 \to 3 \to 6 \to 5$$

总加工时间等于 370 min。

需要指出的是,对在两台设备上加工 n 个工件的问题来说,用以上方法求得的解是最优解。但是,如将其扩展应用到在 m 台设备上加工 n 个工件的一般加工排序问题,所得结果一般就不再是最优解了。然而,用这种思想却常常能得到较好的解。

第二节　基于粒子群算法的发射弹量优化

一、粒子群优化算法

1. 算法基本思想

粒子群算法(Partical Swarm Optimization,PSO)是一种基于迭代的优化方法,在 PSO 中,对于一个 D 维的优化问题,每个粒子都是解空间(D 维)的一点,并且都具有一个速度(D 维的矢量),不同粒子具有对应于与目标函数相关的个体适应度。每个粒子根据自身的飞行经验和群体的飞行经验来调整自己的飞行轨迹,向最优点靠拢。对于某个粒子 i,经过 t 次迭代后,它的位置表示为 $\boldsymbol{x}_i^{(t)}=[x_{i1}^{(t)} \quad x_{i2}^{(t)} \quad \cdots \quad x_{in}^{(t)}]$,飞行速度表示为 $\boldsymbol{v}_i^{(t)}=[v_{i1}^{(t)} \quad v_{i2}^{(t)} \quad \cdots \quad v_{in}^{(t)}]$,它所经历过的最好位置记为 $\boldsymbol{p}_i=[p_{i1} \quad p_{i2} \quad \cdots \quad p_{in}]$,其拓扑近邻粒子的局部极值即邻域极值为 $\boldsymbol{p}_l=[p_{l1} \quad p_{l2} \quad \cdots \quad p_{ln}]$,$\boldsymbol{p}_l$ 表示粒子对应的邻域种群从搜索初始到当前迭代所对应的适应度最优的解向量。在每一步中,粒子根据以下公式更新自己的速度和位置:

$$v_{id}^{(t+1)}=\omega \cdot v_{id}^{(t)}+c_1 r_1 (p_{id}^{(t)}-x_{id}^{(t)})+c_2 r_2 (p_{ld}^{(t)}-x_{id}^{(t)}) \tag{11-1}$$

$$x_{id}^{(t+1)}=x_{id}^{(t)}+v_{id}^{(t+1)} \tag{11-2}$$

式中,$d=1,2,\cdots,n$,n 为解空间的维数;$i=1,2,\cdots,m$,m 为种群的大小;r_1,r_2 为均匀分布于区间$[0,1]$上的随机数。

ω 称为惯性权重,用于控制前一次迭代产生的速度对本次迭代速度的影响。粒子群优化算法的全局搜索特性通过随机初始化的速度体现。一般惯性权重 $\omega \in [0,1]$,较大的惯性权重有利于粒子种群进行全局搜索,惯性权重较小,则种群更倾向于局部搜索。在实际的优化问题求解过程中,惯性权重随迭代次数线性递减,$\omega(t)=a\times\omega(t-1)$。这使粒子群在搜索的初始阶段,能够以较大的概率在整个解空间进行搜索,并能够快速收敛到最优解所在的局部区域,然后随着惯性权重的递减,粒子种群在该区域内实现局部微调。

c_1,c_2 是两个正常数,称为加速因子,用来控制粒子自身的记忆和同伴的记忆之间相对影响,决定了粒子本身经验信息和其他粒子的经验信息对粒子运行轨迹的影响,反映了粒子群之间的信息交流。设置较大 c_1 的值,会使粒子过多地在局部范围徘徊,相反,较大的 c_2 值会促使粒子过早收敛到局部最小值。适当选择 c_1,c_2 可以提高算法速度、避免局部极小。

由于速度过大时,粒子将不受束缚地在整个解空间上跳跃搜索,这将很难收敛于最优解。

为了使粒子速度不致过大，常常设定速度上限 $v_{\max}$，$v_{\max}$ 决定粒子在一个循环中最大的移动距离，通常设定为粒子的范围宽度。

粒子的飞行轨迹由三部分决定，自己原有的速度 v_i，与自己的最佳经历的距离($p_i - x_i$)，以及与邻居群体最好位置的距离($p_l - x_i$)，参数 ω，c_1 和 c_2 是控制这三部分内容的权重。因此，参数 ω，c_1 和 c_2 在整个速度的更新过程中起着举足轻重的作用。

PSO 算法的收敛区域为 $\omega \in (0,1)$，$c > 0$ 和 $2\omega - c + 2 > 0$ 所围成的区域，其中 $c = c_1 + c_2$，如图 11－1 所示。

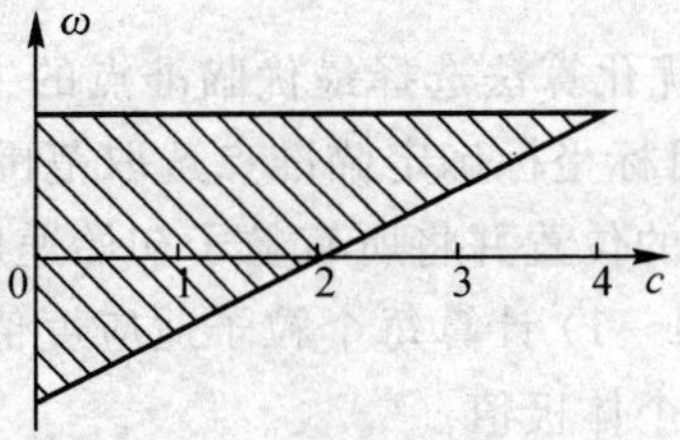

图 11－1　PSO 算法收敛区域

2. 初始瞄准区域及初始群体的确定

初始瞄准区域为瞄准点选优的起始区域，导弹对地面目标区的初始瞄准区域为包含所有目标的最小凸闭包，为了求解方便，将初始瞄准区域扩展为包含该凸闭包的最小圆。这样，对地面目标区的瞄准点优选问题就归化为对初始瞄准区域瞄准点的优选问题。为了寻找初始瞄准点，采用两族互相垂直的等间距平行线将初始瞄准区域分解为网格形，取各目标中心、网格交点为基本瞄准点集。这样就把对地面目标区的初始瞄准点优选问题归结为在基本瞄准点集上进行优选的问题。一般网格精度取 0.5～1 倍的标准偏差比较合适，也可根据目标分布区域的大小适当选取。

设目标区初始瞄准区域的边界值：横坐标最大值为 $X_{\max}$，最小值为 $X_{\min}$；纵坐标最大值为 $Z_{\max}$，最小值为 $Z_{\min}$；导弹武器数量为 k 枚，粒子群体规模为 N。

假设产生初始群体为

$$\begin{matrix} x_{11}^{(1)} & z_{11}^{(1)} & x_{12}^{(1)} & z_{12}^{(1)} & \cdots & x_{1i}^{(1)} & z_{1i}^{(1)} & \cdots & x_{1k}^{(1)} & z_{1k}^{(1)} \\ \vdots & \vdots & \vdots & & & \vdots & \vdots & & & \\ x_{p1}^{(1)} & z_{p1}^{(1)} & x_{p2}^{(1)} & z_{p2}^{(1)} & \cdots & x_{pi}^{(1)} & z_{pi}^{(1)} & \cdots & x_{pk}^{(1)} & z_{pk}^{(1)} \\ \vdots & \vdots & \vdots & & & \vdots & \vdots & & & \\ x_{N1}^{(1)} & z_{N1}^{(1)} & x_{N2}^{(1)} & z_{N2}^{(1)} & \cdots & x_{Ni}^{(1)} & z_{Ni}^{(1)} & \cdots & x_{Nk}^{(1)} & z_{Nk}^{(1)} \end{matrix}$$

有

$$\left.\begin{aligned} x_{pi}^{(1)} &= X_{\min} + \gamma(X_{\max} - X_{\min}) \\ z_{pi}^{(1)} &= Z_{\min} + \gamma(Z_{\max} - Z_{\min}) \end{aligned}\right\} \quad (0 \leqslant i \leqslant k, 0 \leqslant p \leqslant N) \tag{11-3}$$

式中，γ 为[0,1]均匀分布的随机数。

3. 参数设置

(1) 粒子群体规模。对于瞄准点优选问题，一个粒子就是 n 枚武器的瞄准点组成的一个瞄准点向量。群体规模通常不用取得太大，几十个粒子就足够了。

(2) 邻居规模。邻居的规模即邻居的个数，较小的邻居粒子数目可以更好地全局寻优；反之，使算法的局部寻优能力增强。合适的邻居规模需要在试验中试探，在本文的问题中，邻居选取为 4,6,8 较为合适。

(3) 迭代终止精度。对于瞄准点优选问题，设置太高的迭代终止精度并没有很大的实际意义，通常将迭代精度设置为 1×10^{-5} 即可满足要求。

(4) 最大无改进代数。由于当粒子接近某个局部最优值时，粒子跳到其他局部峰值的可能性非常小，因此最大无改进代数不需要设为太大的值，可设为 20 ～ 50。

4. 计算步骤

通过以上分析，运用粒子群优化算法选择最优瞄准点的主要计算步骤如下：

(1) 粒子种群初始化，根据目标坐标确定瞄准点选取范围和粒子速度上限 $V_{\max}$，将进化代数置为 $t=1$，随机生成每个粒子的位置并将所有粒子初始速度向量置为零。

(2) 评价种群 $X(t)$，按式(11-1) 计算每个粒子适应度值。

(3) 更新种群中每个粒子的个体极值。

(4) 更新每个粒子所在的邻域种群的邻域极值。

(5) 更新粒子的速度与位置，产生新种群 $X(t+1)$。

(6) 检查结束条件，当达到最大进化代数或最大无改进代数时，结束寻优；否则，转至步骤(3)。

(7) 所得全局极值即最优瞄准点坐标，输出计算结果。

二、目标区发射弹量优化模型

目标区的初始瞄准点由传统发射弹量计算方法得出，在此基础上进行优化，确定最优瞄准点并进行毁伤效果计算，最后确定达到最佳相对毁伤价值的瞄准点坐标及弹量分配方案。

1. 目标区发射弹量计算步骤及流程

(1) 初始化各种参数，确定模拟的次数，载入目标信息、成爆弹量、导弹武器参数及依据成爆弹量的预估发射弹量等。

(2) 应用粒子群算法对导弹瞄准点进行优化。

(3) 判断导弹是否成爆，若成爆，模拟弹着点进入下一步计算；否则，转入对下一枚弹的判断。

(4) 模拟整体弹或子母弹的落点。

(5) 判断循环是否完成。若完成，计算毁伤效果；否则，继续循环。

(6) 计算并判断毁伤效果是否达到要求。如果达到要求，则输出结果，退出循环；否则，加一枚弹，转入第(2) 步，对瞄准点重新优化。

计算流程如图 11-2 所示。

2. 仿真计算

(1) 仿真条件。目标区单个目标价值及中心点坐标如图 11-3 所示。

(2) 武器参数。导弹精度 CEP=100 m，抛撒半径 $R_p=210$ m，盲区系数 $k=0.3$，盲区半径 $R_0(R_0=k\times R_p)$，母弹数 M，子弹头个数 $N=80$ 个。

采用粒子群对瞄准点优化后的发射弹量计算结果如表 11-2 所示。

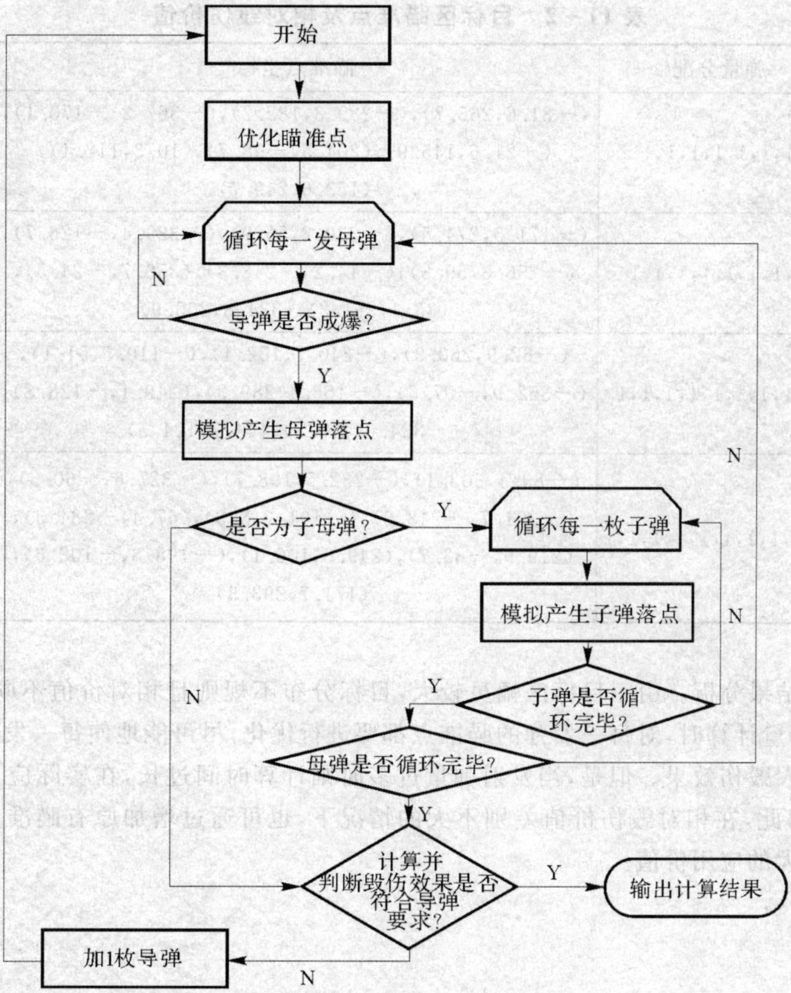

图 11-2　目标区优化发射弹量计算流程图

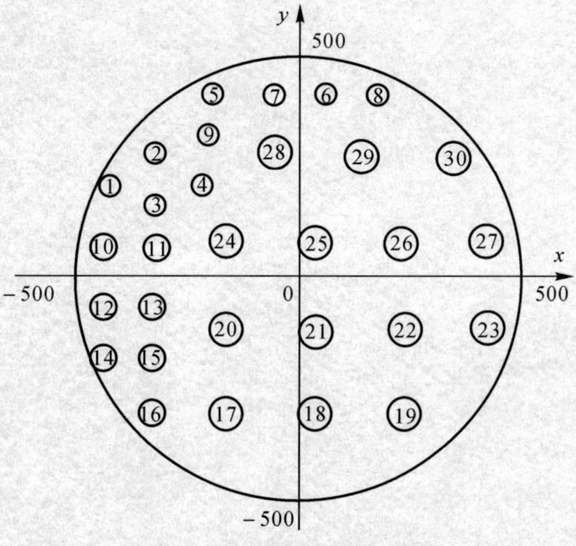

图 11-3　目标区分布示意图

表 11－2　目标区瞄准点及相对毁伤价值

发射弹量	弹量分配	瞄准点坐标	相对毁伤价值
7	1,1,1,1,1,1,1	(－81.6,265.7),(－289.3,182.2),(－367.2,－170.1),(－21.6,145.9),(204.5,－98.7),(10.3,112.4),(153.6,249.7)	0.731 06
8	1,1,1,1,1,1,1,1	(－171.5,274.5),(－330.2,56.9),(－329.4,－126.7),(－156.8,59.8),(－14.2,－248.3),(350.7,－24.5),(35.1,261.2),(324.8,205.9)	0.788 64
9	1,1,1,1,1,1,1,1,1	(－62.9,260.3),(－240.7,152.4),(－110.5,51.1),(－352.9,－97.6),(－156.4,289.3),(249.1,－128.8),(－324.6,119.3),(44.7,124.5)	0.828 97
10	1,1,1,1,1,1,1,1,1,1	(－89.4,303.1),(－232.5,198.7),(－327.6,－60.3),(－391.7,－243.6),(－101.2,8.3),(67.4,－284.3),(219.9,－83.7),(249.8,106.1),(－198.3,－108.6),(171.7,293.3)	0.840 29

(3)仿真结果分析。由于目标区幅员较大,目标分布不规则且相对价值不同。因此,当进行优化发射弹量计算时,对每一发弹的瞄准点都要进行优化,尽可能地使每一发弹都发挥最大威力,达到最大毁伤效果。但是,当发射弹量过多时则计算时间过长,在实际应用中不具有太大的意义。因此,在相对毁伤价值差别不大的情况下,也可通过增加原有瞄准点的弹量来计算,以达到更大的应用价值。

参 考 文 献

[1] 《运筹学》教材编写组.运筹学.3版.北京:清华大学出版社,2005.

[2] 温特切勒 E C. 现代武器运筹学导论.周方,玉宇,译.北京:国防工业出版社,1974.

[3] 李亚雄.遗传算法在不规则面目标瞄准点选择中的应用.火力与指挥控制2008学术年会,2008,10.

[4] 李亚雄. Bayes Risk Decision-Making Analysis Method Used in Drawing up Supplemented Missile Attack Plan. IEEE ICIME 2010, 4298 - 300.

[5] 李亚雄. The Fire Distribution Method of Multi-type Missiles Based on Dynamic Programming. IEEE ICCET 2010, 1198 - 200.

[6] 李长耿.基于改进遗传算法的不规则面目标瞄准点选择.战术导弹技术,2012(1):26 - 29.

[7] 朱昱.层次分析法在选择导弹发射阵地中的应用.火力与指挥控制,2002(2):69 - 71.

[8] 舒健生.基于粒子群算法打击指挥系统瞄准点优化.西南科技大学学报,2009(4):70 - 74.